Mathe Pirat

7. Klasse

Stephan Dreisbach

Langenscheidt

Der Autor:
Stephan Dreisbach: Rektor an einer Grundschule in Nordrhein-Westfalen, Entwickler des Lernportals www.mathepirat.de, Lehrerfortbildner zur Arbeit mit neuen Medien im Kompetenzteam NRW

Projektbetreuung: bookwise medienproduktion, München
Redaktion: Thomas Rath
Layout: Cordula Schaaf
Illustrationen: Christoph Grundmann, Darmstadt
Umschlaggestaltung: Bettina Lindenberg, München, nach Entwürfen von init, Büro für Gestaltung, Bielefeld
Fotos Umschlag: Image Source, getty images; Brasil2, istockphoto.com

Umwelthinweis: Gedruckt auf chlorfrei gebleichtem Papier

www.langenscheidt.de
www.mathepirat.de
http://info.mathepirat.de

Satz: Carsten Klein
Gesamtherstellung: Stürtz GmbH, Würzburg

Printed in Germany
ISBN 978-3-468-60024-1

12010

INHALT

Proportionale Zuordnung

Zwei Größen sind zueinander proportional, wenn gilt:
Zum Doppelten, Dreifachen, n-Fachen der ersten Größe gehört das Doppelte, Dreifache, n-Fache der zweiten Größe.

Kurz: Je mehr, desto mehr.

Beispiel: 10 Eier kosten 2€, wie viel kosten 8 Eier?
10 Eier kosten 2€ (beides durch 10)
1 Ei kostet 0,20€ (beides mal 8)
8 Eier kosten 1,60€

ÜBUNG 1 — PUNKTE 5

An einer Tanksäule läuft Benzin gleichmäßig aus dem Schlauch. In 10 Sekunden fließen 4,5l. Wie lange dauert es, bis 27l getankt sind?

- ❑ a) 80 Sekunden
- ❑ b) 1,5 Minuten
- ❑ c) 1 Minuten
- ❑ d) 55 Sekunden
- ❑ e) 50 Sekunden

ÜBUNG 2 — PUNKTE 5

Herr Krüll besucht einen Freund in Berlin. Für die 300km lange Strecke braucht er 24l Benzin. Wie hoch wäre der Benzinverbrauch bei einer 90km langen Strecke?

- ❑ a) 72l
- ❑ b) 24l
- ❑ c) 2,4l
- ❑ d) 4,8l
- ❑ e) 7,2l

ÜBUNG 3 PUNKTE 5

Frau Mai besucht einen Freund. Für die 300 km lange Strecke braucht sie 24 l Benzin. Welche Strecke könnte sie bei gleichem Verbrauch mit 36 l zurücklegen?

- ❑ a) 420 km
- ❑ b) 430 km
- ❑ c) 440 km
- ❑ d) 450 km
- ❑ e) 460 km

ÜBUNG 4 PUNKTE 5

Im Urlaub in der Schweiz hat Herr Krutz beim Geldwechseln für 100 € genau 158 SF (Schweizer Franken) bekommen. Beim Abendessen muss er für die Familie 126,40 SF zahlen. Wie viel Euro sind das?

....

ÜBUNG 5 PUNKTE 5

David war beim Radtraining. Für 40 km hat er 2 Stunden und 30 Minuten gebraucht. Wie hoch war seine Durchschnittsgeschwindigkeit?

- ❑ a) 12 km/h
- ❑ b) 14 km/h
- ❑ c) 16 km/h
- ❑ d) 18 km/h
- ❑ e) 20 km/h

ÜBUNG 6 PUNKTE 5

Herr Sutterer fährt auf der Autobahn konstant 120 km/h. Welche Strecke legt er in 12 Minuten zurück?

❑ a) 22 km ❑ b) 24 km ❑ c) 26 km ❑ d) 28 km ❑ e) 30 km

Umgekehrt proportionale Zuordnung

Zwei Größen sind zueinander umgekehrt proportional (auch: indirekt proportional oder antiproportional), wenn gilt:
Zum Doppelten, Dreifachen, n-Fachen der ersten Größe gehört die Hälfte, der 3. Teil, der n-te Teil der zweiten Größe.

Kurz: Je mehr, desto weniger.

Beispiel: 10 Arbeiter brauchen 40 Stunden, wie lange brauchen 8 Arbeiter?
10 Arbeiter brauchen 40 Stunden (durch 10 / mal 10)
1 Arbeiter braucht 400 Stunden (mal 8 / durch 8)
8 Arbeiter brauchen 50 Stunden

ÜBUNG 1 PUNKTE 5

Für einen Neuanstrich des Pariser Eiffelturms benötigen 30 Arbeiter insgesamt 60 Tage. Wie lange würden 25 Arbeiter benötigen?

❑ a) 50 Tage
❑ b) genauso lang
❑ c) 72 Tage
❑ d) 47 Tage
❑ e) 48 Tage

ÜBUNG 2 PUNKTE 5

3 Bagger brauchen 8 Tage, um eine Baugrube auszuheben. Wie lange brauchen 4 Bagger?

❑ a) 6 Tage
❑ b) 5 Tage
❑ c) 7 Tage
❑ d) 4 Tage
❑ e) 3 Tage

ÜBUNG 3

PUNKTE 5

5 Bagger brauchen 80 Arbeitsstunden, um eine Baugrube auszuheben. Wie lange brauchen 4 Bagger?

- ❑ a) 100 Stunden
- ❑ b) 90 Stunden
- ❑ c) 92 Stunden
- ❑ d) 110 Stunden
- ❑ e) 120 Stunden

ÜBUNG 4

PUNKTE 5

5 Arbeiter benötigen zum Ausheben eines Grabens genau 24 Stunden. Wie lange hätten 6 Arbeiter benötigt?

....

ÜBUNG 5

PUNKTE 5

5 Arbeiter brauchen genau 30 Stunden, um eine Mauer zu bauen. Wie lange hätten 6 Arbeiter gebraucht?

- ❑ a) 21 Stunden
- ❑ b) 19 Stunden
- ❑ c) 18 Stunden
- ❑ d) 20 Stunden
- ❑ e) 5 Stunden weniger

ÜBUNG 6

PUNKTE 5

8 Arbeiter benötigen für die Bodenplatte eines Neubaus genau 33 Stunden. Wie lange würden 6 Arbeiter benötigen?

....

Gesamtpunktzahl: PUNKTE 30 Erreichte Punktzahl:

Vermischte Aufgaben

Die Erklärungen zur proportionalen Zuordnung und zur umgekehrt proportionalen Zuordnung findest du auf Seite 4 und 6.

ÜBUNG 1

PUNKTE 5

Für einen Neuanstrich des Pariser Eiffelturms benötigen 30 Arbeiter insgesamt 480 kg Farbe. Wie viel würden 25 Arbeiter benötigen?

- ❑ a) 560 kg
- ❑ b) 400 kg
- ❑ c) auch 480 kg
- ❑ d) genau 470 kg
- ❑ e) 490 kg

ÜBUNG 2

PUNKTE 5

An einer Tanksäule läuft Benzin gleichmäßig aus dem Schlauch. In 8 Sekunden fließen 5,5 l. Wie lange dauert es, bis 44 l getankt sind?

- ❑ a) 64 Sekunden
- ❑ b) 1,5 Minuten
- ❑ c) 3 Minuten
- ❑ d) 65 Sekunden
- ❑ e) 74 Sekunden

ÜBUNG 3

PUNKTE 5

Für die Maurerarbeiten an einem Schulneubau sind 50 Tage einkalkuliert. Zur Verfügung stehen 7 Maurer. Bereits nach 10 Tagen fallen allerdings 2 Maurer wegen Erkrankung länger aus. Um wie viele Tage verzögern sich die Maurerarbeiten?

....

....

....

ÜBUNG 4

PUNKTE 5

Für eine neue Stromleitung muss ein 30 m langer Graben mit einer Tiefe von 80 cm ausgehoben werden. Wegen des komplizierten Geländes muss das per Hand gemacht werden. Kalkuliert werden bei 10 Arbeitern 7 Arbeitstage mit jeweils 8 Stunden Nach drei Tagen werden 2 Arbeiter krank. Um wie viel verlängert sich die eingeplante Zeit?

....

ÜBUNG 5

PUNKTE 5

Ein ICE erreicht eine Spitzengeschwindigkeit von 306 km/h.
Welche Strecke legt er dabei in 2 Minuten zurück?

- ❑ a) 12,200 km
- ❑ b) 12 200 km
- ❑ c) 102,00 km
- ❑ d) 10,200 km
- ❑ e) 1020 m

ÜBUNG 6

PUNKTE 5

Die zwei 7. Klassen einer Hauptschule fahren mit dem Bus auf Klassenfahrt. Wenn alle 55 Schüler mitfahren, beträgt der Preis pro Schüler 60 €. Wie viel muss jeder Schüler bezahlen, wenn 7 Schüler wegen Krankheit zu Hause bleiben?

- ❑ a) 65,25 €
- ❑ b) 61,50 €
- ❑ c) 70,25 €
- ❑ d) 66,75 €
- ❑ e) 68,75 €

Berechnung des Prozentwerts

Prozent (%) heißt Hundertstel.

25 %	von	30 €	sind	7,50 €
Prozentsatz		*Grundwert*		*Prozentwert*

Formel für den Prozentwert:

$$\textbf{Prozentwert} = \frac{\textbf{Prozentsatz}}{\textbf{100 \%}} \cdot \textbf{Grundwert}$$

Fortgeschrittene lassen die 100 % weg (weil 100 % = 1) und rechnen:

Prozentwert = Prozentsatz · Grundwert

Man kann statt mit Formeln auch mit Dreisatz rechnen.

ÜBUNG 1 — PUNKTE 5

Herr Meier kauft ein neues Auto. Es kostet 19 900 € plus 19 % Mehrwertsteuer. Wie viel muss Herr Meier insgesamt bezahlen?

- ❑ a) 21 900 €
- ❑ b) 23 681 €
- ❑ c) 18 919 €
- ❑ d) 22 194 €
- ❑ e) 22 419 €

ÜBUNG 2 — PUNKTE 5

Für einen CD-Player ist im Großhandel ein Preis von 215,70 € angegeben. Dazu kommt noch die Mehrwertsteuer von 19 %. Was ist der Endpreis?

....

ÜBUNG 3

PUNKTE 5

Der Sportlehrer will neue Fußbälle kaufen. Der reguläre Preis für einen Ball ist 49,75 €. Weil die Schule 12 Bälle kauft, bekommt sie einen Rabatt von 14 %. Wie viel muss die Schule nun bezahlen?

- ❑ a) 513,42 €
- ❑ b) 512,42 €
- ❑ c) 517,42 €
- ❑ d) 514,42 €
- ❑ e) 520,42 €

ÜBUNG 4

PUNKTE 5

Sarahs Vater will einen neuen Roller kaufen. Der reguläre Preis beträgt 2349,00 €. Der Händler bietet einen Rabatt von 6 % an. Was kostet das Fahrzeug nun?

....

ÜBUNG 5

PUNKTE 5

Für einen Roller ist im Großhandel ein Preis von 1315,43 € angegeben. Dazu kommt noch die Mehrwertsteuer von 19 %. Was ist der Endpreis?

- ❑ a) 1357,36 €
- ❑ b) 1565,36 €
- ❑ c) 1375,36 €
- ❑ d) 1356,68 €
- ❑ e) 1356,69 €

ÜBUNG 6

PUNKTE 5

Pauls Mutter braucht eine neue Computer-Maus. Der reguläre Preis beträgt 9,99 €. Der Händler bietet einen Rabatt von 25 % an. Was kostet die Maus nun?

❑ a) 4,49 € ❑ b) 10,49 € ❑ c) 7,49 € ❑ d) 13,49 € ❑ e) 9,49 €

Berechnung des Prozentsatzes

25 %	von	30 €	sind	7,50 €
Prozentsatz		*Grundwert*		*Prozentwert*

Formel für den Prozentsatz:

$$\textbf{Prozentsatz} = \frac{\textbf{Prozentwert}}{\textbf{Grundwert}} \cdot 100\,\%$$

Fortgeschrittene lassen die 100 % weg (weil 100 % = 1) und rechnen:

$$\textbf{Prozentsatz} = \frac{\textbf{Prozentwert}}{\textbf{Grundwert}}$$

Man kann statt mit Formeln auch mit Dreisatz rechnen.

ÜBUNG 1 PUNKTE 5

Ein Modegeschäft hat Waren für 5634 € eingekauft, kann sie aber wegen des schlechten Wetters nur für 4788,90 € verkaufen. Wie hoch ist der Verlust in Prozent?

- ❑ a) 15 %
- ❑ b) 16 %
- ❑ c) 14 %
- ❑ d) 85 %
- ❑ e) 84 %

ÜBUNG 2 PUNKTE 5

Ein Fachgeschäft für Sportbekleidung hat Waren für 8634 € eingekauft und kann sie für 10 360,80 € verkaufen. Wie hoch ist der Gewinn in Prozent?

....

TIPP: Überlege genau, was der Grundwert ist.

ÜBUNG 3

PUNKTE 5

In einem Kiosk werden an einem Tag 105 Flaschen Cola, 78 Flaschen Fanta, 69 Flaschen Apfelschorle und 48 Flaschen ColaMix verkauft. Berechne die Anteile in Prozent. Runde, falls nötig, auf glatte Zahlen!

❑ a) 35 % Cola, 28 % Fanta, 21 % Apfelschorle und 16 % ColaMix
❑ b) 35 % Cola, 26 % Fanta, 23 % Apfelschorle und 16 % ColaMix
❑ c) 35 % Cola, 26 % Fanta, 21 % Apfelschorle und 18 % ColaMix
❑ d) 32 % Cola, 29 % Fanta, 23 % Apfelschorle und 16 % ColaMix
❑ e) 37 % Cola, 26 % Fanta, 23 % Apfelschorle und 14 % ColaMix

ÜBUNG 4

PUNKTE 5

Wie viel Prozent der abgebildeten Fläche sind grün eingefärbt? Runde sinnvoll, falls nötig!

❑ a) 15 %
❑ b) 17 %
❑ c) 19 %
❑ d) 18 %
❑ e) 16 %

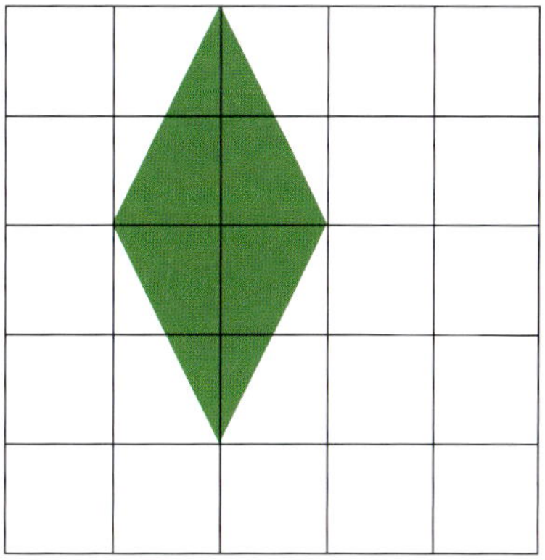

ÜBUNG 5

PUNKTE 5

Bei einer Geschwindigkeitskontrolle von 1600 PKWs waren 256 zu schnell. Wie viel Prozent sind das?

....

ÜBUNG 6

PUNKTE 5

Bei einer Radarkontrolle sind von 550 Fahrzeugen 165 zu schnell gefahren. Wie viel Prozent sind das?

❑ a) 33,3 %
❑ b) 30 %
❑ c) 32 %
❑ d) 34 %
❑ e) 36 %

Berechnung des Grundwerts

25 %	von	30 €	=	7,50 €
Prozentsatz		*Grundwert*		*Prozentwert*

Formel für den Grundwert:

$$\textbf{Grundwert} = \frac{\textbf{Prozentwert} \cdot \textbf{100 \%}}{\textbf{Prozentsatz}}$$

Fortgeschrittene lassen die 100 % weg (weil 100 % = 1) und rechnen:

$$\textbf{Grundwert} = \frac{\textbf{Prozentwert}}{\textbf{Prozentsatz}}$$

Man kann statt mit Formeln auch mit Dreisatz rechnen.

ÜBUNG 1

PUNKTE 5

Lena spart im Monat 20 % ihres Taschengeldes, das sind 7 €.
Wie viel Taschengeld bekommt sie?

....

ÜBUNG 2

PUNKTE 5

Beim Verkauf seines gebrauchten Autos erhält Herr Norden noch 6422 €. Das entspricht 40 % des ursprünglichen Kaufpreises. Was hat das Auto vorher gekostet?

- ❑ a) 7399,70 €
- ❑ b) 8990,80 €
- ❑ c) 10 275,20 €
- ❑ d) 16 055 €
- ❑ e) 19 250 €

ÜBUNG 3 PUNKTE 5

Wegen eines Lackfehlers wird ein Fahrrad 30 % billiger verkauft und kostet jetzt 161 €. Wie hoch war der alte Preis?

- ❑ a) 273,70 €
- ❑ b) 112,70 €
- ❑ c) 209,30 €
- ❑ d) 260 €
- ❑ e) 230 €

ÜBUNG 4 PUNKTE 5

Auf einem Campingplatz sind 7500 m² für Dauercamper reserviert. Das sind 30 % der Gesamtfläche. Wie groß ist der Campingplatz?

- ❑ a) 25 000 m²
- ❑ b) 50 000 m²
- ❑ c) 10 000 m²
- ❑ d) 20 ha
- ❑ e) 12 500 m²

ÜBUNG 5 PUNKTE 5

Der Wert einer Aktie ist um 5 % auf jetzt 13,90 € gestiegen. Wie viel kostete diese Aktie vorher?

- ❑ a) 13,49 €
- ❑ b) 13,59 €
- ❑ c) 13,48 €
- ❑ d) 13,24 €
- ❑ e) 13,47 €

ÜBUNG 6 PUNKTE 5

Nachdem die Arbeitslosenzahl um 5 % gestiegen ist, sind nun 3 675 000 Menschen arbeitslos. Wie viele waren es vorher?

....

Lösungsheft S. 6 Gesamtpunktzahl: PUNKTE 30 Erreichte Punktzahl:

Preiserhöhung/Preissenkung

Beispiel: Preiserhöhung um 4 %
Der Grundwert (100 %) ist immer der alte Preis.
Um den neuen Preis zu erhalten, kannst du den Aufschlag – nämlich 4 % vom alten Preis – berechnen und zum alten Preis addieren.

Oder so: Man kann auch andersherum rechnen. Kennt man den neuen Preis und weiß, wie viel er höher oder niedriger ist als der alte Preis, lässt sich der alte Preis errechnen. Der neue Preis nach einer Erhöhung von 4 % beträgt dann 104 % vom alten Preis, 100 % sind der alte Preis.

ÜBUNG 1

PUNKTE 5

Der Preis eines Fahrrades von 356 € erhöht sich um 10 %. Wie viel kostet es jetzt?

- ❑ a) 392,60 €
- ❑ b) 390,60 €
- ❑ c) 381,60 €
- ❑ d) 391,60 €
- ❑ e) 391,40 €

ÜBUNG 2 PUNKTE 5

Julias Vater will einen neuen Roller kaufen. Der reguläre Preis beträgt 2500 €. Der Händler bietet einen Rabatt von 4 % an. Was kostet der Roller dann?

....

ÜBUNG 3 PUNKTE 5

Leons Schwester will sich neue Stiefel kaufen. Der reguläre Preis ist 99,90 €. In einem Sonderangebot bietet das Geschäft 12 % Rabatt an. Wie viel kann Leons Schwester sparen?

❑ a) 11,99 € ❑ b) 15,99 € ❑ c) 16,99 € ❑ d) 17,99 € ❑ e) 18,99 €

ÜBUNG 4 PUNKTE 5

Nach einer 7 %igen Preiserhöhung kostet ein Notebook nun 2099 €. Wie viel hat es vorher gekostet?

....

ÜBUNG 5 PUNKTE 5

Nach einem Preisnachlass von 23 % bietet ein Reisebüro eine Urlaubsreise für nur noch 2399,99 € an. Wie viel hat sie vorher gekostet?

❑ a) 3116,98 €
❑ b) 3117,22 €
❑ c) 3117,41 €
❑ d) 3117,59 €
❑ e) 3116,87 €

Promille

Promille (‰) heißt Tausendstel.
1 ‰ = 0,1 %
1 % = 10 ‰
Du kannst in den Formeln für Prozentrechnung „Prozentwert“ durch „Promillewert“, „Prozentsatz“ durch „Promillesatz“ und „100 %“ durch „1000 ‰“ ersetzen.

ÜBUNG 1

PUNKTE 5

Wie viel Alkohol findet man bei einem Alkoholspiegel von 1,5 ‰ im Blut, wenn man etwa 6 l Blut im Körper hat?

❑ a) etwa 8 ml
❑ b) etwa 7 ml
❑ c) etwa 10 ml
❑ d) etwa 9 ml
❑ e) etwa 6 ml

ÜBUNG 2

PUNKTE 5

Wie viel Alkohol findet man bei einem Alkoholspiegel von 0,5 ‰ im Blut, wenn man etwa 5,5 l Blut im Körper hat?

❑ a) etwa 2,85 ml
❑ b) etwa 2,65 ml
❑ c) etwa 2,70 ml
❑ d) etwa 2,80 ml
❑ e) etwa 2,75 ml

ÜBUNG 3

PUNKTE 5

Wie viel Alkohol findet man bei einem Alkoholspiegel von 1,2 ‰ im Blut, wenn man etwa 6,5 l Blut im Körper hat?

....

ÜBUNG 4 PUNKTE 5

Bei Kommunalwahlen erhält die Partei „Mehr Computer im Klassenzimmer" 3,6 ‰ der 890 000 abgegebenen Stimmen. Wie viele Stimmen sind das?

- ❑ a) 2100
- ❑ b) 3204
- ❑ c) 3410
- ❑ d) 5670
- ❑ e) 32 040

ÜBUNG 5 PUNKTE 5

Bei Kommunalwahlen erhält die „Partei gegen die Hundesteuer" 1200 der 750 000 abgegebenen Stimmen. Wie viel Promille sind das?

❑ a) 1,3 ❑ b) 1,6 ❑ c) 2,4 ❑ d) 1,3 ❑ e) 16

ÜBUNG 6 PUNKTE 5

Bei Kommunalwahlen erhält die „Partei für bessere Kindergärten" 2,8 ‰ der 750 000 abgegebenen Stimmen. Wie viele Stimmen sind das?

- ❑ a) 210
- ❑ b) 4300
- ❑ c) 2800
- ❑ d) 2100
- ❑ e) 21 000

Vermischte Aufgaben

Schau dir zu den einzelnen Übungen noch einmal die Erklärungen auf Seite 10, 12, 14, 16 und 18 an und überlege, wie du hier rechnen musst.

ÜBUNG 1 PUNKTE 5

Beim Verkauf seines Autos bekommt Herr Müller noch 11 935 €. Das entspricht 62 % des ursprünglichen Kaufpreises. Was hat das Auto neu gekostet?

....

ÜBUNG 2 PUNKTE 5

Ein Grundstück hat eine Gesamtfläche von 532 m². Die Grundfläche des Hauses soll 14,5 % der Grundstücksfläche betragen, für die Garage sind 3 %, für die Zufahrt 5 % und für die Terrasse 4 % der Grundstücksfläche vorgesehen.

- ❑ a) 78,14 m² beträgt die Grundfläche des Hauses, die Garage wird 15,96 m² groß, die Zufahrt 26,6 m² und die Terrasse 21,28 m².
- ❑ b) 77,24 m² beträgt die Grundfläche des Hauses, die Garage wird 15,96 m² groß, die Zufahrt 26,6 m² und die Terrasse 21,28 m².
- ❑ c) 77,14 m² beträgt die Grundfläche des Hauses, die Garage wird 15,96 m² groß, die Zufahrt 26,6 m² und die Terrasse 21,28 m².
- ❑ d) 77,14 m² beträgt die Grundfläche des Hauses, die Garage wird 15,96 m² groß, die Zufahrt 26,9 m² und die Terrasse 21,28 m².
- ❑ e) 77,14 m² beträgt die Grundfläche des Hauses, die Garage wird 16,96 m² groß, die Zufahrt 26,6 m² und die Terrasse 21,28 m².

ÜBUNG 3 PUNKTE 5

Toms Onkel will ein Haus kaufen, das für 211 897 € ausgeschrieben ist. Der Verkäufer bietet einen Rabatt von 6 % an. Um wie viel wird das Haus billiger?

- ❑ a) 12 713,82 €
- ❑ b) 12 719,82 €
- ❑ c) 12 716,82 €
- ❑ d) 12 711,82 €
- ❑ e) 12 717,82 €

Weiterüben: www.mathepirat.de · Benutzername: mathe7-2, Passwort: rechenfit

ÜBUNG 4 PUNKTE 5

Wie viel Prozent der abgebildeten Fläche sind grün gefärbt? Runde sinnvoll, falls nötig.

- ❑ a) 65 %
- ❑ b) 64 %
- ❑ c) 63 %
- ❑ d) 56 %
- ❑ e) 66 %

ÜBUNG 5 PUNKTE 6

Bei welcher Fläche sind 75 % der Kästchen gelb eingefärbt?

❑ a) 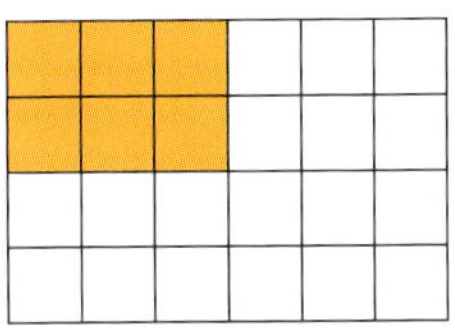

❑ b) 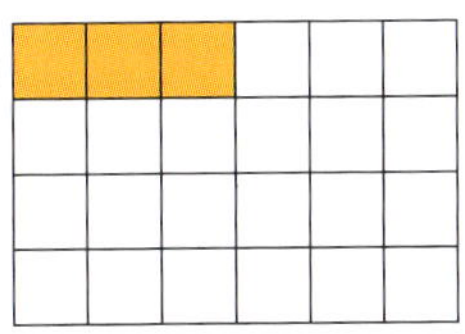

❑ c) 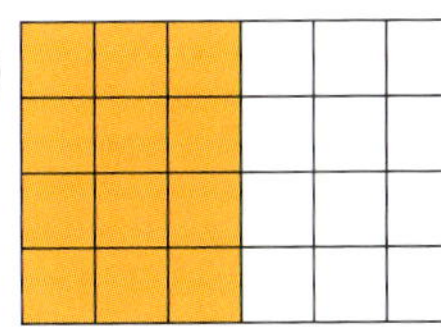

❑ d) 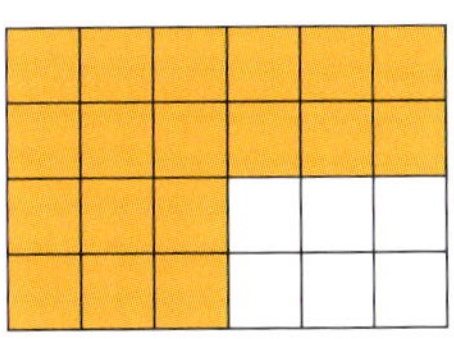

❑ e) 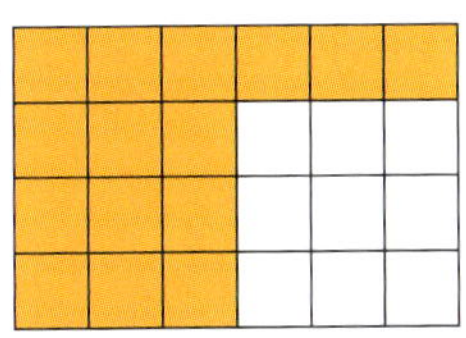

❑ f) 

Jahreszins

Wer Geld verleiht, kann dafür Zinsen bekommen. Beträgt der Zeitraum ein Jahr, spricht man von Jahreszinsen.

Mit Jahreszinsen kannst du so rechnen:
Ersetze in den Formeln für Prozentrechnung „Grundwert" durch „Kapital", „Prozentsatz" durch „Zinssatz" und „Prozentwert" durch „Jahreszinsen".

ÜBUNG 1

PUNKTE 5

Janinas Mutter hat ein Jahr lang 2700,00 € auf ihrem Sparkonto. Der Zinssatz beträgt 0,75 %. Wie viel Zinsen bekommt sie am Ende des Jahres gutgeschrieben?

- ❑ a) 18,40 €
- ❑ b) 20,25 €
- ❑ c) 21,30 €
- ❑ d) 27,00 €
- ❑ e) 28,50 €

ÜBUNG 2

PUNKTE 5

Herr Huber hat für seinen Hausbau ein Darlehen von 45 000 € zu einem Zinssatz von 3,0 % aufgenommen. Wie viel Zinsen muss er jährlich zahlen?

- ❑ a) 1250,00 €
- ❑ b) 1350,00 €
- ❑ c) 1400,00 €
- ❑ d) 1450,00 €
- ❑ e) 1550,00 €

ÜBUNG 3

PUNKTE 5

**Ein Kapital bringt bei einem Zinssatz von 3 % in einem Jahr 234 € Zinsen.
Wie hoch ist das Kapital?**

....

ÜBUNG 4

PUNKTE 5

Ein Kapital bringt bei einem Zinssatz von 4% in einem Jahr 334€ Zinsen. Wie hoch ist das Kapital?

- ❑ a) 8800€
- ❑ b) 8350€
- ❑ c) 8500€
- ❑ d) 8430€
- ❑ e) 8150€

ÜBUNG 5

PUNKTE 5

Ein Kapital von 5000€ bringt in einem Jahr 130,50€ Zinsen. Wie hoch ist der Zinssatz? Runde auf Zehntel!

....

ÜBUNG 6

PUNKTE 5

Ein Kapital von 6000€ bringt in einem Jahr 261€ Zinsen. Wie hoch ist der Zinssatz? Runde auf Zehntel!

- ❑ a) 4,3%
- ❑ b) 4,4%
- ❑ c) 4,8%
- ❑ d) 4,5%
- ❑ e) 4,6%

Lösungsheft S. 10

Gesamtpunktzahl: PUNKTE 30 Erreichte Punktzahl:

Beliebige Laufzeiten

Beträgt der Zeitraum nicht 1 Jahr, sondern eine bestimmte Anzahl von Tagen, so müssen die Jahreszinsen mit dem Zeitfaktor $\frac{\text{Anzahl Tage}}{360}$ multipliziert werden, und wir erhalten:

$$\textbf{Zinsen} = \frac{\text{Anzahl Tage}}{360} \cdot \frac{\text{Zinssatz}}{100\,\%} \cdot \textbf{Kapital}$$

Dabei wird der Monat zu 30 Tagen, das Jahr zu 360 Tagen gerechnet. Man kann die Zinsen auch mit Dreisatz berechnen.

ÜBUNG 1 — PUNKTE 5

Bestimme die Zinsen eines Kapitals von 3500 € bei einem Zinssatz von 5 % und einer Laufzeit von 8 Monaten.

❑ a) 110,67 € ❑ b) 113,67 € ❑ c) 116,67 € ❑ d) 119,67 € ❑ e) 175,00 €

ÜBUNG 2 — PUNKTE 5

Bestimme die Zinsen eines Kapitals von 4500 € bei einem Zinssatz von 5,5 % und einer Laufzeit von 10 Monaten.

❑ a) 260,67 €
❑ b) 206,25 €
❑ c) 266,67 €
❑ d) 269,67 €
❑ e) 271,00 €

ÜBUNG 3 — PUNKTE 5

Wie hoch muss ein Lottogewinn sein, der bei einer Verzinsung von 4,8 % jeden Monat 5100 € Zinsen abwirft?

....

ÜBUNG 4

PUNKTE 5

Wie hoch muss ein Lottogewinn sein, der bei einer Verzinsung von 4,5 % jeden Monat 5400 € Zinsen abwirft?

- ❑ a) 1 475 000 €
- ❑ b) 1 440 000 €
- ❑ c) 1 775 000 €
- ❑ d) 1 444 000 €
- ❑ e) 1 454 000 €

ÜBUNG 5

PUNKTE 5

Lucas Onkel kauft ein Kanu für 2499 € und muss sich deshalb für 151 Tage Geld leihen. Für diesen Zeitraum zahlt er 85,85 € Zinsen. Welchem Zinssatz entspricht das?

- ❑ a) 8,19 %
- ❑ b) 8,59 %
- ❑ c) 8,69 %
- ❑ d) 9,09 %
- ❑ e) 9,19 %

ÜBUNG 6

PUNKTE 5

Um sich einen Neuwagen für 22 987 € anschaffen zu können, musste Saskias Mutter bei einem Zinssatz von 8,6 % insgesamt 274,57 € Zinsen bezahlen. Jetzt kann sie nach einem glücklichen Lottogewinn alles bezahlen. Wie lange hatte sie sich das Geld geliehen?

....

....

....

Addition und Subtraktion

Rationale Zahlen sind Zahlen, die sich durch einen Bruch mit einer ganzen Zahl im Zähler und einer natürlichen Zahl im Nenner darstellen lassen, zum Beispiel:

$-\frac{3}{4} = \frac{-3}{4}$; $-0{,}7 = \frac{-7}{10}$; $0 = \frac{0}{1}$; $0{,}\overline{3} = \frac{1}{3}$; $2 = \frac{2}{1}$; $2\,\frac{1}{3} = \frac{7}{3}$

Die **Menge der rationalen Zahlen** wird mit $\mathbb{Q}$ bezeichnet.

Addition und Subtraktion von rationalen Zahlen anhand von Beispielen:

$2 + (+3) = 2 + 3 = 5$
$2 - (-3) = 2 + 3 = 5$
$2 + (-3) = 2 - 3 = -1$
$2 - (+3) = 2 - 3 = -1$

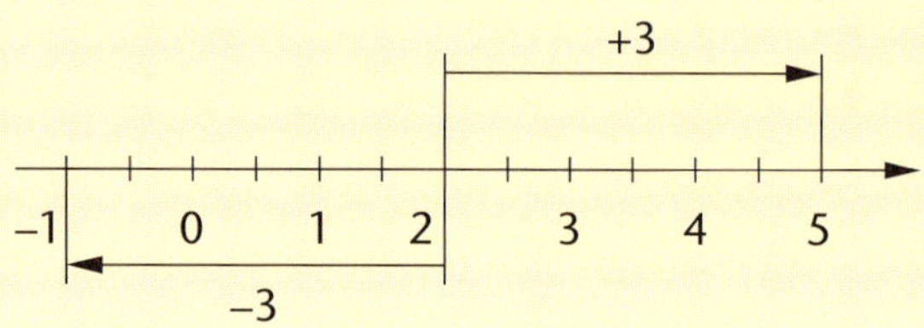

ÜBUNG 1

PUNKTE 6

Berechne.

a) –4 + (–10) = ...

b) 5 – (–11) = ...

c) 8 – (+20) = ...

d) –20 – (–100) = ...

e) 0 – (–15) = ...

f) 12 + (–22) = ...

ÜBUNG 2 PUNKTE 6

Berechne.

a) $-5 + (-7)$ = ...

b) $3 - (-10)$ = ...

c) $15 - (+15)$ = ...

d) $-12 - (-112)$ = ...

e) $2 - (-23)$ = ...

f) $12 + (-111)$ = ...

ÜBUNG 3 PUNKTE 6

Berechne.

a) $-\frac{1}{5} - \frac{1}{4}$ = ...

b) $\frac{2}{9} - \frac{3}{4}$ = ...

c) $-\frac{1}{8} + \frac{3}{4}$ = ...

d) $1 - \frac{8}{7}$ = ...

e) $-1\,\frac{1}{2} + \frac{1}{3}$ = ...

f) $\frac{1}{3} - 0{,}7$ = ...

Multiplikation und Division

Für die Multiplikation und Division von rationalen Zahlen gilt:

$(+) \cdot (+) = (+)$ $(+) : (+) = (+)$
$(+) \cdot (-) = (-)$ $(+) : (-) = (-)$
$(-) \cdot (+) = (-)$ $(-) : (+) = (-)$
$(-) \cdot (-) = (+)$ $(-) : (-) = (+)$

$a \cdot 0 = 0$; $0 : a = 0$ (falls $a \neq 0$); $a : 0$ ist nicht definiert.

ÜBUNG 1 PUNKTE 6

Berechne.

a) $-4 \cdot (-10)$ = ...
b) $5 \cdot (-11)$ = ...

c) $8 \cdot (+20)$ = ...
d) $-20 \cdot (-100)$ = ...

e) $0{,}8 \cdot (+1{,}2)$ = ...
f) $-0{,}05 \cdot (-0{,}7)$ = ...

ÜBUNG 2 PUNKTE 6

Berechne.

a) $\frac{1}{3} \cdot \left(-\frac{1}{2}\right)$ = ...
b) $-\frac{2}{3} \cdot \left(-\frac{5}{4}\right)$ = ...

c) $\frac{1}{3} \cdot (-5)$ = ...
d) $-\frac{1}{8} \cdot \frac{4}{3}$ = ...

e) $-\frac{2}{7} \cdot \left(-\frac{7}{2}\right)$ = ...
f) $-\frac{4}{3} \cdot 0$ = ...

ÜBUNG 3

PUNKTE 6

Berechne.

a) $-4 : (-10) =$ ....

b) $5 : (-11) =$ ....

c) $8 : (+20) =$ ....

d) $-20 : (-100) =$ ....

e) $0{,}8 : (+1{,}2) =$ ....

f) $-0{,}05 : (-0{,}7) =$ ....

ÜBUNG 4

PUNKTE 5

Berechne.

a) $\frac{1}{3} : \left(-\frac{1}{4}\right) =$ ....

b) $-\frac{1}{2} : \left(-\frac{2}{3}\right) =$ ....

c) $-4 : \frac{4}{3} =$ ....

d) $-\frac{4}{3} : 4 =$ ....

e) $1{,}\overline{3} : \left(-\frac{1}{3}\right) =$ ....

Lösungsheft S. 13 Gesamtpunktzahl: PUNKTE 23 Erreichte Punktzahl:

Verbindung der Grundrechenarten

Beachte die Vorfahrtsregeln:

Punkt vor Strich, und Klammern zuerst!

ÜBUNG 1 PUNKTE 6

Berechne.

a) $-4 : (-10 + 8)$ = ...

b) $5 \cdot (-11) + (-5) \cdot 11$ = ...

c) $2 + 3 \cdot (-4)$ = ...

d) $(-5 + 5) \cdot (-5)$ = ...

e) $(2 - 3) \cdot (3 - 2)$ = ...

f) $10 : (-2 - 3)$ = ...

ÜBUNG 2 PUNKTE 3

Berechne.

a) $(-4 + 5) : (-12 + 11)$ = ...

b) $3 \cdot (-5 + 8) \cdot 11$ = ...

c) $10 + 2 \cdot (-5)$ = ...

ÜBUNG 3 PUNKTE 6

Beachte immer Punkt vor Strich, und Klammern zuerst.

a) $-2 \cdot (-2) : (-10 + 9) =$ ....

b) $-4 \cdot (12) + (-5) \cdot 10 =$ ....

c) $2 + 3 \cdot (-4 : 2) =$ ....

d) $(-10 + 2) \cdot (-5 - 6) =$ ....

e) $(2 - 3 \cdot 2) \cdot (2 - 6) =$ ....

f) $2 + 10 : (-2 - 3) =$ ....

ÜBUNG 4 PUNKTE 6

Beachte Punkt vor Strich, und Klammern zuerst.

a) $(-2 - 8) : 5 - (-10 : 2) =$ ....

b) $-4 \cdot (3 + 5) \cdot 10 =$ ....

c) $2 \cdot (3 + 8) \cdot (-4 : 2) =$ ....

d) $3 \cdot (-2 + 2) \cdot (-2 - 2) =$ ....

e) $-2 - 3 \cdot 2 \cdot (-2 - 4) =$ ....

f) $10 + 10 : (-10 + 11) =$ ....

Termwert berechnen

Bei Termen ohne Variable kann sofort der Termwert angegeben werden.
Beispiel: T = 2 – 0,5; T = 1,5

Der Wert eines Terms mit einer Variablen kann bestimmt werden, wenn für die Variable eine Zahl eingesetzt wird. Man sagt: Die Variable wird mit einer Zahl belegt.
Beispiel: $T(x) = x^2 + 1$
Die Variable x wird mit der Zahl 3 belegt. Der Termwert ist dann:
$T(3) = 3^2 + 1 = 10$
Oft wird eine Variable mit Zahlen aus einer Grundmenge $\mathbb{G}$ belegt.

ÜBUNG 1 (PUNKTE 5)

Welche Lösung ist richtig?

$T(x) = -x + 1;\ T(2) = ?$

- ❑ a) $T(2) = -2$
- ❑ b) $T(2) = -1$
- ❑ c) $T(2) = 0$
- ❑ d) $T(2) = 3$
- ❑ e) $T(2) = 4$

ÜBUNG 2 (PUNKTE 5)

Welche Lösung ist richtig?

$T(x) = 2x + 3;\ T(-1) = ?$

- ❑ a) $T(-1) = -5$
- ❑ b) $T(-1) = -1$
- ❑ c) $T(-1) = 1$
- ❑ d) $T(-1) = 3$
- ❑ e) $T(-1) = 6$

ÜBUNG 3 (PUNKTE 5)

Welche Lösung ist richtig?

$T(x) = x^2 + 1;\ T(-2) = ?$

- ❑ a) $T(-2) = -3$
- ❑ b) $T(-2) = -1$
- ❑ c) $T(-2) = 3$
- ❑ d) $T(-2) = 5$
- ❑ e) $T(-2) = 6$

ÜBUNG 4 (PUNKTE 5)

Welche Lösung ist richtig?

$T(x) = |x + 1|;\ T(-2) = ?$

- ❑ a) $T(-2) = -1$
- ❑ b) $T(-2) = 0$
- ❑ c) $T(-2) = 1$
- ❑ d) $T(-2) = 3$
- ❑ e) $T(-2) = 5$

ÜBUNG 5

PUNKTE 5

Welche Lösung ist die richtige?

$T(x) = (x - 1)(x + 1); T(\frac{1}{2}) = ?$

❑ a) $T(\frac{1}{2}) = -1$ ❑ b) $T(\frac{1}{2}) = -\frac{3}{4}$ ❑ c) $T(\frac{1}{2}) = -\frac{1}{2}$ ❑ d) $T(\frac{1}{2}) = \frac{1}{4}$ ❑ e) $T(\frac{1}{2}) = \frac{3}{4}$

ÜBUNG 6

PUNKTE 5

Welche Lösung ist die richtige?

$T(x) = \frac{x - 1}{2 - x}; T(-2) = ?$

❑ a) $T(-2) = -\frac{3}{4}$ ❑ b) $T(-2) = -\frac{1}{2}$ ❑ c) $T(-2) = \frac{1}{2}$ ❑ d) $T(-2) = \frac{3}{4}$ ❑ e) $T(-2) = 4$

Summenterme vereinfachen

Terme mit gleichem Variablenprodukt heißen **gleichartig**. Die Zahlenfaktoren heißen **Koeffizienten**.

Summen und Differenzen von gleichartigen Termen fasst man zusammen, indem man ihre Koeffizienten zusammenfasst und das Variablenprodukt beibehält.

Gleichartige Terme sind:
$5a$ und $7a$, $3b^2$ und $-2b^2$, $2ab$ und $10ab$
$5ab + 10ab - 3ab = (5 + 10 - 3)ab = 12ab$
$3b^2 - 7b^2 + 5b^2 = (3 - 7 + 5)b^2 = 1b^2 = b^2$

Nicht zusammenfassen kann man:
$3a + 2ab$, $2x + x^2$, $5a + 1$

ÜBUNG 1

PUNKTE 4

Fasse in zwei Schritten zusammen.

a) $2a - 7a + 5a$ = ... = ...

b) $ab - ab - 10ab$ = ... = ...

c) $-4x^2 + 11x^2$ = ... = ...

d) $2pq - 9pq + pq$ = ... = ...

ÜBUNG 2 — PUNKTE 4

Ordne zunächst und fasse dann zusammen.

a) $2a - 3b + 7a + 5a$ = ... = ...

b) $ab - a - 10ab + 3a$ = ... = ...

c) $-4x^2 + 11 + x^2 - 5$ = ... = ...

d) $2pq - 9q^2 + pq - 2q^2$ = ... = ...

ÜBUNG 3 — PUNKTE 5

Vereinfache den Term.

a) $2ab - 5a + 7ab - b - ab + 3b - 3a + b$ = ...

b) $4xy + y + 1 - 10xy - 3y - 5 + 2xy + 3y$ = ...

c) $-a^2 + a + 1 - 3a^2 + 4a^2 + 2a - a - 1$ = ...

d) $x^4 + 3xy^3 - 2x^4 - xy^3 + y4 + 3x^4 + 3xy^3$ = ...

e) $\frac{1}{4}a - \frac{1}{3} + \frac{1}{3}b + \frac{1}{4} - b + \frac{2}{3}b + \frac{1}{2}a$ = ...

TIPP: Es erleichtert die Übersicht, wenn du bereits verwertete Glieder mit Bleistift unterstreichst oder abhakst.

Produktterme vereinfachen

Produktterme werden vereinfacht, indem man Faktoren vertauscht und zusammenfasst.

Beispiele:
$2 \cdot x \cdot y \cdot 3 \cdot x = 2 \cdot 3 \cdot x \cdot x \cdot y = 6x^2y$
$(-3a)^2 = (-3a) \cdot (-3a) = (-3) \cdot (-3) \cdot a \cdot a = 9a^2$

ÜBUNG 1

PUNKTE 6

Vereinfache.

a) $2a \cdot (-3b) =$ ....
b) $p \cdot 11pq =$ ....
c) $-\frac{3}{4}u \cdot \frac{1}{2}v =$ ....
d) $(b \cdot ab) \cdot 8 =$ ....
e) $2x \cdot 5x^2 =$ ....
f) $0{,}5r \cdot (-3rst) =$ ....

ÜBUNG 2

PUNKTE 8

Vereinfache.

a) $-5x \cdot (-2y) =$ ....
b) $a \cdot 5ab^2 =$ ....
c) $-\frac{2}{4}m \cdot \frac{1}{3}n =$ ....
d) $(p \cdot pq) \cdot 2p =$ ....
e) $-5x \cdot 5x^3 =$ ....
f) $\frac{1}{2}a \cdot (-5abc) =$ ....
g) $2 + 3x \cdot 5x^2 =$ ....
h) $5a^2bc \cdot 3bc^2 =$ ....

ÜBUNG 3

PUNKTE 8

Forme so um, dass keine Klammer mehr auftritt.

a) $(4a)^2$ = ...

b) $(-2x)^2$ = ...

c) $\left(\frac{1}{3}a\right)^2$ = ...

d) $(-ab^2)^2$ = ...

e) $(2ab)^3$ = ...

f) $(-3x)^3$ = ...

g) $\left(-\frac{2}{3}x\right)^2$ = ...

h) $(-3xy)^4$ = ...

ÜBUNG 4

PUNKTE 8

Forme so um, dass keine Klammer mehr auftritt.

a) $(5b)^2$ = ...

b) $(-4d)^2$ = ...

c) $\left(\frac{2}{4}a\right)^2$ = ...

d) $(-ab)^3$ = ...

e) $(4mn)^3$ = ...

f) $(-3x^3)^3$ = ...

g) $\left(-\frac{2}{3}m\right)^2$ = ...

h) $(-5xy^2)^4$ = ...

Klammern auflösen

Eine Klammer, vor der ein Pluszeichen oder gar kein Rechenzeichen steht, heißt **Plusklammer**. Eine Plusklammer kann man ohne weiteres weglassen. Die Rechenzeichen in der Klammer bleiben.

Also:

$a + (b + c) = a + b + c$ $\qquad$ $(a + b) + c = a + b + c$

$a + (b - c) = a + b - c$ $\qquad$ $(a - b) + c = a - b + c$

Eine Klammer, vor der ein Minuszeichen steht, heißt **Minusklammer**. Eine Minusklammer kann man weglassen, wenn man gleichzeitig alle Rechenzeichen in der Klammer umkehrt.

Also:

$a - (b + c) = a - b - c$ $\qquad$ $a - (b - c) = a - b + c$

ÜBUNG 1

PUNKTE 4

Ergänze die Rechenzeichen.

a) $5 + (2a - 3b + c) - d$ = 5 ..... 2a ..... 3b ..... c ..... d

b) $(5 + 2a - 3b) + c - d$ = 5 ..... 2a ..... 3b ..... c ..... d

c) $5 + 2a + (-3b + c) - d$ = 5 ..... 2a ..... 3b ..... c ..... d

d) $(5 + 2a) - 3b + (c - d)$ = 5 ..... 2a ..... 3b ..... c ..... d

ÜBUNG 2

PUNKTE 4

Ergänze die Rechenzeichen.

a) $5 - (2a - 3b + c) - d$ = 5 ..... 2a ..... 3b ..... c ..... d

b) $-(-5 + 2a - 3b) + c - d$ = 5 ..... 2a ..... 3b ..... c ..... d

c) $5 + 2a - (-3b + c) - d$ = 5 ..... 2a ..... 3b ..... c ..... d

d) $(5 + 2a) - 3b - (c - d)$ = 5 ..... 2a ..... 3b ..... c ..... d

ÜBUNG 3

PUNKTE 3

Löse die Klammern auf und fasse gleichartige Terme zusammen.

a) $4a + 3b + (6a - 10b) - (a + b)$ = ...

b) $11 - (2x - 3) + (x - 10) - (3 + x) - 1$ = ...

c) $(u - v) - (u + v) + (2v - 3) + (u - v - 3) - u$ = ...

ÜBUNG 4

PUNKTE 5

Du kannst so vorgehen: zuerst die inneren Klammern auflösen, dann zusammenfassen, dann die restlichen Klammern auflösen und wieder zusammenfassen.

a) $a - [(b + c) + (b - c) + 2a]$ = ...

b) $[(x + 2y) - (3x - 5y)] - (x + y)$ = ...

c) $1{,}5u - 2v - [2{,}5v + (0{,}5u - 3v)]$ = ...

d) $\frac{2}{3}p + \left[\left(\frac{2}{3} - p\right) - \left(\frac{1}{6} + p\right)\right] - \frac{1}{3}p$ = ...

e) $a - \{a - [a - (a - b) + (b - a)]\} + [a + (b - a)]$ = ...

Ausmultiplizieren und Ausklammern

Das Distributivgesetz für rationale Zahlen besagt:
$a \cdot (b + c) = ab + ac$

Daraus folgt:
$a + b \cdot (c - d) = a + bc - bd$
$a - b \cdot (c - d) = a - bc + bd$

Steht bei einer Klammer ein Faktor, so multipliziert man jedes Glied in der Klammer mit diesem Faktor unter Berücksichtigung des Vorzeichens **(Ausmultiplizieren)**.

Die Anwendung des Distributivgesetzes von rechts nach links, also

$ab + ac = a \cdot (b + c)$,

bezeichnet man als **Ausklammern**.

ÜBUNG 1

PUNKTE 9

Multipliziere.

a) $3 + 4 \cdot (a - 2b)$ = ...

b) $-2 \cdot (x - 2y + 3z)$ = ...

c) $x + \frac{2}{3} \cdot (y - 6z)$ = ...

d) $p - 1{,}5q \cdot (q - p)$ = ...

e) $a + (b + 2) \cdot c$ = ...

f) $ax \cdot (bx - x^2)$ = ...

g) $1 - u^2 \cdot (-u - 1)$ = ...

h) $34e - 17 \cdot (17 - e^2)$ = ...

i) $m^2 + m^2 \cdot (m^2 + m^3)$ = ...

ÜBUNG 2 PUNKTE 9

Multipliziere.

a) $2 - 4 \cdot (u + 2v^2)$ = ...

b) $5 \cdot (-a - 4b + 2c)$ = ...

c) $a + \frac{1}{2} \cdot (-2b - 6c)$ = ...

d) $x - 3y \cdot (1{,}5x - y^2)$ = ...

e) $p^2 + (q - 6) \cdot r$ = ...

f) $4ax \cdot (4bx - y^2)$ = ...

g) $100 - m^2 \cdot (-m - 50)$ = ...

h) $25j - 27k \cdot (27 + k^2)$ = ...

i) $a^2 + a^3 \cdot (a^2 + a^3)$ = ...

ÜBUNG 3 PUNKTE 5

Klammere aus wie angegeben und mache die Probe durch Ausmultiplizieren, ohne auf die Angabe zu schielen.

a) $2ab + 3ac = a \cdot$ (..................) = ...

b) $10a - 5 = 5 \cdot$ (..................) = ...

c) $-x + x^2 = -x \cdot$ (..................) = ...

d) $\frac{1}{2}x^2 - \frac{3}{2}y = \frac{1}{2} \cdot$ (..................) = ...

e) $u^2 + u^3 = u^2 \cdot$ (..................) = ...

Vermischte Aufgaben

Schau dir noch einmal die Erklärungen in diesem Kapitel an und überlege, was du bei den einzelnen Übungen berücksichtigen musst.

ÜBUNG 1

PUNKTE 7

Bilde den Term und vereinfache ihn, falls möglich.

a) Der Term ist die Differenz aus der Summe von a und b und der Differenz von a und b.

.... = ...

b) Der Term ist das Dreifache der Differenz von a und b, vermindert um die Summe von a und b.

.... = ...

c) Der Term ist das Produkt der drei kleinsten Primzahlen.

.... = ...

d) Vom Produkt der fünf kleinsten natürlichen Zahlen wird die Summe dieser Zahlen subtrahiert.

.... = ...

e) Der Term ist die dritte Potenz von $-2a$.

.... = ...

f) Der Term ist ein Quotient. Der Dividend ist die Summe aus 10x und 10y, der Divisor ist 5.

.... = ...

g) Der Term ist das arithmetische Mittel (die halbe Summe) von u und v.

.... = ...

ÜBUNG 2 PUNKTE 6

Schreibe ohne Klammern und fasse zusammen, wo möglich.

a) $-4 \cdot (a + b)$ = ...

b) $(6 - x)(-x)$ = ...

c) $(1 + a) \cdot 4 + 2 - a$ = ...

d) $(12x - 5y) \cdot 3 - 15y + 36x$ = ...

e) $3 \cdot (ab - 2xy) + 9ab - 4xy$ = ...

f) $-2 \cdot (3pq - 4rs)$ = ...

ÜBUNG 3 PUNKTE 6

Klammere so viel wie möglich aus.

a) $ax - 2bx$ = ...

b) $13u - 26uv$ = ...

c) $-11ab - 22bc$ = ...

d) $a^2 + a - ab$ = ...

e) $\frac{1}{7}x - \frac{5}{7}xy + \frac{3}{7}x^2$ = ...

f) $a^4 + a^2 + 2ab$ = ...

x + b = c

Eine Gleichung der Form **x + b = c** löst man, indem man auf beiden Seiten **b** subtrahiert:

x + b = c | – b

x = c – b

Rechenoperationen, die man auf beiden Seiten einer Gleichung ausführt, sodass beide Seiten gleichwertig bleiben, nennt man Äquivalenzumformungen. Man fasst die Lösung(en) einer Gleichung in der **Lösungsmenge** $\mathbb{L}$ zusammen.

Beispiele:

$x + 3 = 4 \mid -3$
$x = 4 - 3 = 1$
$\mathbb{L} = \{1\}$

$x - 5 = 7 \mid +5$
$x = 7 + 5 = 12$
$\mathbb{L} = \{12\}$

ÜBUNG 1

PUNKTE 6

Löse mit einer Äquivalenzumformung.

a) $x - 12 = 18$ | ....
x = ... → $\mathbb{L} = \{$..........$\}$

b) $x + 7 = -3$ | ....
x = ... → $\mathbb{L} = \{$..........$\}$

c) $x - 4 = -2$ | ....
x = ... → $\mathbb{L} = \{$..........$\}$

d) $x + 4 = 0$ | ....
x = ... → $\mathbb{L} = \{$..........$\}$

e) $5 + x = 13$ | ....
x = ... → $\mathbb{L} = \{$..........$\}$

f) $x - 2 = -2$ | ....
x = ... → $\mathbb{L} = \{$..........$\}$

ÜBUNG 2 PUNKTE 6

Löse mit einer Äquivalenzumformung.

a) $a - 20 = 2$ | ....

$a =$ .... → $\mathbb{L} = \{\text{..........}\}$

b) $x + 15 = -10$ | ....

$x =$ .... → $\mathbb{L} = \{\text{..........}\}$

c) $b - 22 = -20$ | ....

$b =$ .... → $\mathbb{L} = \{\text{..........}\}$

d) $x + 17 = 1$ | ....

$x =$ .... → $\mathbb{L} = \{\text{..........}\}$

e) $15 + b = 13$ | ....

$b =$ .... → $\mathbb{L} = \{\text{..........}\}$

f) $m - 112 = -232$ | ....

$m =$ .... → $\mathbb{L} = \{\text{..........}\}$

ax = c

Eine Gleichung der Form **ax = c** löst man, indem man beide Seiten durch **a** dividiert:

ax = c | : a

x = c : a

Beispiele:

$3x = 2 \mid : 3$

$x = 2 : 3 = \frac{2}{3}$

$\mathbb{L} = \{\frac{2}{3}\}$

$-2x = 7 \mid : (-2)$

$x = 7 : (-2) = -3{,}5$

$\mathbb{L} = \{-3{,}5\}$

ÜBUNG 1 PUNKTE 6

Löse mit einer Äquivalenzumformung.

a) $3x = 18$ | ....

x = ... → $\mathbb{L}$ = {..........}

b) $-9x = 5$ | ....

x = ... → $\mathbb{L}$ = {..........}

c) $\frac{3}{4}x = -6$ | ....

x = ... → $\mathbb{L}$ = {..........}

d) $-\frac{1}{4}x = -2$ | ....

x = ... → $\mathbb{L}$ = {..........}

e) $10x = 0$ | ....

x = ... → $\mathbb{L}$ = {..........}

f) $-0{,}25x = -0{,}5$ | ....

x = ... → $\mathbb{L}$ = {..........}

ÜBUNG 2

PUNKTE 6

Löse mit einer Äquivalenzumformung.

a) $12a = 24$ | ....

a = ... → $\mathbb{L} = \{$.........$\}$

b) $-92b = 5$ | ....

b = ... → $\mathbb{L} = \{$.........$\}$

c) $\frac{2}{5}x = -22$ | ....

x = ... → $\mathbb{L} = \{$.........$\}$

d) $-\frac{1}{3}m = -5$ | ....

m = ... → $\mathbb{L} = \{$.........$\}$

e) $4{,}5x = 18$ | ....

x = ... → $\mathbb{L} = \{$.........$\}$

f) $-11u = -22$ | ....

u = ... → $\mathbb{L} = \{$.........$\}$

ax + b = c

Eine Gleichung der Form **ax + b = c** löst man, indem man zuerst **b** auf die andere Seite schafft und dann beide Seiten durch **a** dividiert:

$ax + b = c \mid -b$
$ax = c - b$
$x = (c - b) : a$

Beispiele:

$2x + 3 = 4 \mid -3$
$2x = 1 \mid : 2$
$x = 1 : 2 = 0{,}5$
$\mathbb{L} = \{0{,}5\}$

$-2x - 4 = 7 \mid +4$
$-2x = 11 \mid : (-2)$
$x = 11 : (-2) = -5{,}5$
$\mathbb{L} = \{-5{,}5\}$

ÜBUNG 1

PUNKTE 6

Löse die Gleichung.

a) $2x + 1 = 5$ | ....
x = ... → $\mathbb{L}$ = {..........}

b) $3x - 4 = 8$ | ....
x = ... → $\mathbb{L}$ = {..........}

c) $-x - 4 = -8$ | ....
x = ... → $\mathbb{L}$ = {..........}

d) $0{,}5x + 2 = 0$ | ....
x = ... → $\mathbb{L}$ = {..........}

e) $6x - 10 = 50$ | ....
x = ... → $\mathbb{L}$ = {..........}

f) $-3x + 4 = 7$ | ....
x = ... → $\mathbb{L}$ = {..........}

ÜBUNG 2 PUNKTE 6

Löse die Gleichung.

a) $12a + 12 = 12$ | ....

$a =$ .... → $\mathbb{L} = \{..........\}$

b) $4u - 12 = -8$ | ....

$u =$ .... → $\mathbb{L} = \{..........\}$

c) $-12x - 12 = 12$ | ....

$x =$ .... → $\mathbb{L} = \{..........\}$

d) $0{,}25m + 2{,}5 = 0$ | ....

$m =$ .... → $\mathbb{L} = \{..........\}$

e) $12x - 148 = 24$ | ....

$x =$ .... → $\mathbb{L} = \{..........\}$

f) $-30k + 40 = 70$ | ....

$k =$ .... → $\mathbb{L} = \{..........\}$

Gleichungen mit Probe

Gleichungen, in denen mehrere Glieder **mit x** und **ohne x** vorkommen (siehe Beispiel), vereinfacht man nach dem Rezept:

Glieder mit x auf eine Seite, den Rest auf die andere Seite.

So erhält man eine Gleichung der Form **ax = b** oder **b = ax**.

Probe:
Setze deine Lösung in die linke und rechte Seite der gegebenen Gleichung ein. Wenn die Ergebnisse nicht übereinstimmen, ist deine Lösung falsch!

ÜBUNG 1 PUNKTE 6

Löse die Gleichung und mache die Probe (l. S.: linke Seite, r. S.: rechte Seite).

a) $11x + 5 = 16x$ $\mathbb{L}$ = ...

Probe: l. S.: .... r. S.: ....

b) $-3x = 6x + 9$ $\mathbb{L}$ = ...

Probe: l. S.: .... r. S.: ....

c) $8x - 11 = -2x$ $\mathbb{L}$ = ...

Probe: l. S.: .... r. S.: ....

d) $-0{,}1x + 6 = 0{,}2x$ $\mathbb{L}$ = ...

Probe: l. S.: .... r. S.: ....

e) $\frac{1}{2}x + \frac{1}{3} = \frac{1}{6}x$ $\mathbb{L}$ = ...

Probe: l. S.: .... r. S.: ....

f) $\frac{3}{7}x = \frac{2}{5}x - \frac{1}{5}$ $\mathbb{L}$ = ...

Probe: l. S.: .... r. S.: ....

ÜBUNG 2

PUNKTE 7

Löse die Gleichung und mache die Probe.

a) $-2x + 8 = 13x + 5$ $\mathbb{L}$ = ...

Probe: l. S.: .... r. S.: ....

b) $-4 - 7x = -5 - 11x$ $\mathbb{L}$ = ...

Probe: l. S.: .... r. S.: ....

c) $-5x + 10 = 11x + 2$ $\mathbb{L}$ = ...

Probe: l. S.: .... r. S.: ....

d) $0{,}4x - 2{,}1 = 1{,}6x + 0{,}3$ $\mathbb{L}$ = ...

Probe: l. S.: .... r. S.: ....

e) $\frac{1}{3}x + 14 = 14 - \frac{1}{8}x$ $\mathbb{L}$ = ...

Probe: l. S.: .... r. S.: ....

f) $3x - 13 = -22 - 7x$ $\mathbb{L}$ = ...

Probe: l. S.: .... r. S.: ....

g) $\frac{1}{8}x - 2 = \frac{1}{4}x + 4$ $\mathbb{L}$ = ...

Probe: l. S.: .... r. S.: ....

Flächeninhalte

Allgemeines Dreieck

$A = \frac{1}{2} \cdot c \cdot h_c$

Rechtwinkliges Dreieck

$A = \frac{1}{2} \cdot c \cdot h_c = \frac{1}{2} \cdot a \cdot b$

Parallelogramm

$A = a \cdot h_a$

Beispiele:

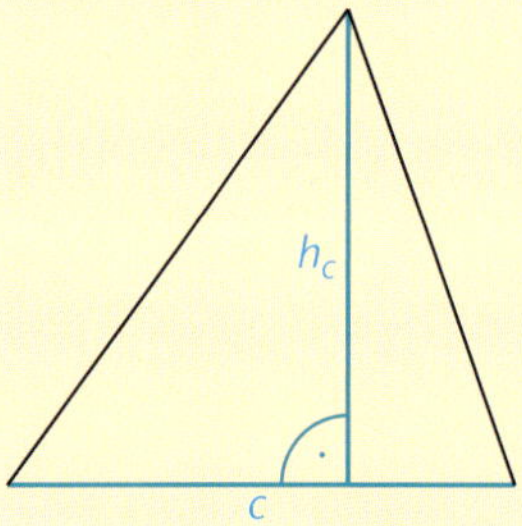

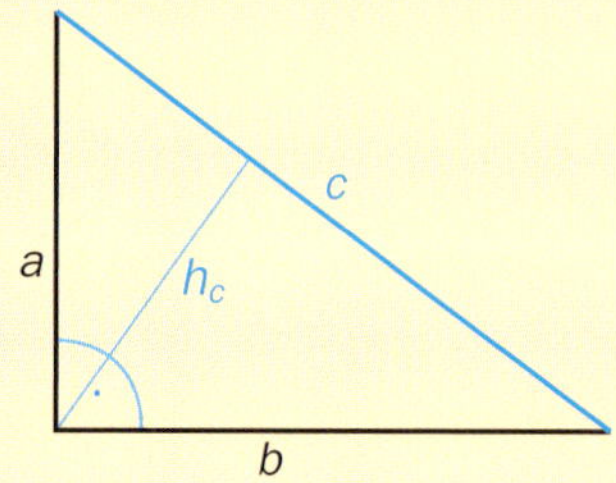

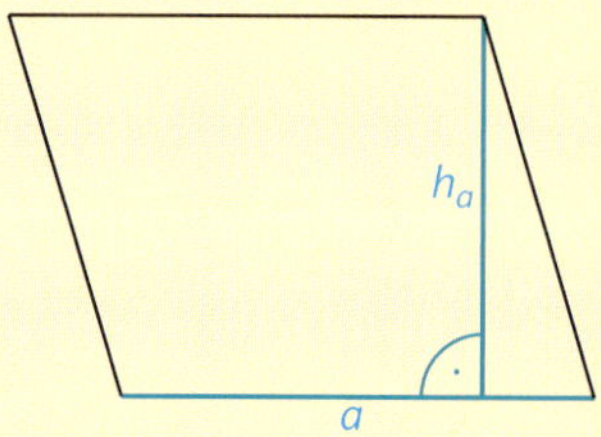

ÜBUNG 1

PUNKTE 5

Ein Parallelogramm mit der Grundseitenlänge von 64 cm und der Höhe von 42 cm hat den gleichen Flächeninhalt wie ein Dreieck mit einer Höhe von 48 cm. Wie lang ist die Grundseite des Dreiecks?

❑ a) 14 cm ❑ b) 224 cm ❑ c) 28 cm ❑ d) 56 cm ❑ e) 112 cm

ÜBUNG 2

PUNKTE 5

Bauer Reis verkauft die drei Ackergrundstücke A, B und C zur Bebauung. Für den Quadratmeter erhält er 76 €. Wie viel Geld bekommt er?

....

....

....

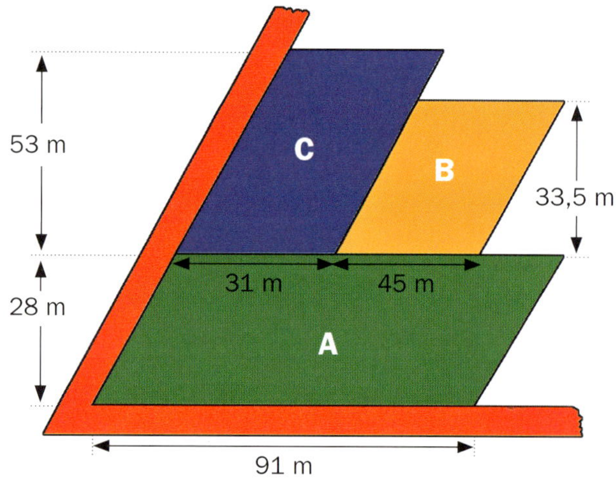

ÜBUNG 3

PUNKTE 5

Das Segel einer Jolle ist 6250 mm hoch und 2400 mm breit. Bestimme die Segelfläche in m².

- ❑ a) $75\,m^2$
- ❑ b) $6{,}5\,m^2$
- ❑ c) $7{,}5\,m^2$
- ❑ d) $65\,m^2$
- ❑ e) $750\,m^2$

ÜBUNG 4

PUNKTE 5

Die Segelfläche einer Jolle beträgt $7{,}5\,m^2$. Das Segel ist 2,4 m breit. Wie hoch reicht das Segel?

....

ÜBUNG 5

PUNKTE 5

Ein rechteckiger Platz ist 34 m lang und 36 m breit.
Ein dreieckiger Platz mit der gleichen Fläche hat eine Grundseite von 96 m.
Wie groß ist der Abstand zur gegenüberliegenden Ecke?

- ❑ a) 25,50 m
- ❑ b) 12,25 m
- ❑ c) 51 m
- ❑ d) 102 m
- ❑ e) 204 m

ÜBUNG 6

PUNKTE 5

Die abgebildete Figur besteht aus fünf gleich großen Quadraten.
Der Flächeninhalt beträgt für das gesamte Rechteck $125\,cm^2$.
Wie groß ist der Umfang des gesamten Rechtecks?

- ❑ a) $60\,cm^2$
- ❑ b) 10 cm
- ❑ c) $50\,cm^2$
- ❑ d) 50 cm
- ❑ e) 60 cm

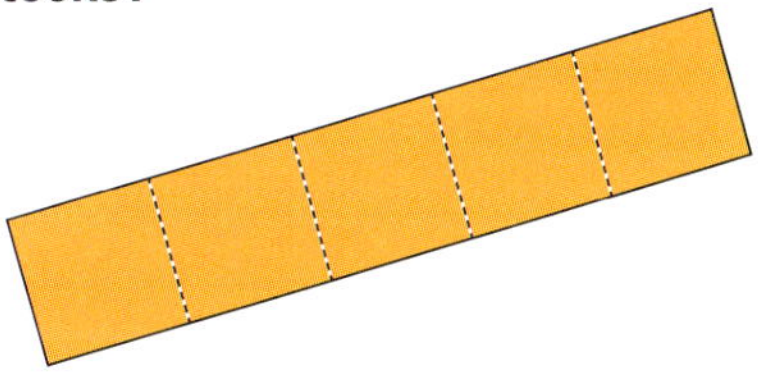

Volumenberechnungen

Volumen eines geraden Prismas:
Das **Volumen** des geraden Prismas ist gleich dem Produkt aus Grundflächeninhalt **G** und Körperhöhe **h**:

$$V = G \cdot h$$

Die Grundfläche kann eine beliebige Fläche sein (Dreieck, Viereck, zusammengesetzte Fläche ...)

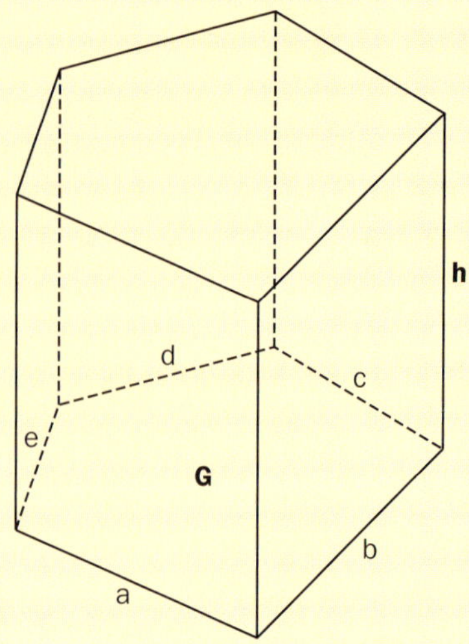

ÜBUNG 1 PUNKTE 5

Aus einem Supertanker ist durch einen Unfall Öl ins Meer geflossen. Wie viel Liter Öl sind ausgeflossen, wenn 10 km² mit einer Ölschicht von 1 mm Dicke bedeckt sind?

....

ÜBUNG 2 PUNKTE 5

Ein Quader ist 4 cm lang, 5 cm breit und 3 cm hoch. Wie viel Volumen hat ein zweiter Quader, der doppelt so lang und breit ist wie der erste?

- ❑ a) dreimal so viel
- ❑ b) doppelt so viel
- ❑ c) achtmal so viel
- ❑ d) fünfmal so viel
- ❑ e) viermal so viel

ÜBUNG 3

PUNKTE 5

Bei der Grundschule wird ein neuer Sandkasten gebaut. Die 70 cm tiefe Grube ist 5,80 m lang und 4,50 m breit. Wie viel Sand muss bestellt werden? Rund auf halbe m³.

- ❑ a) 19,5 m³
- ❑ b) 17,5 m³
- ❑ c) 18,5 m³
- ❑ d) 17,0 m³
- ❑ e) 183 m³

ÜBUNG 4

PUNKTE 5

Die Grube für den neuen Sandkasten im Kindergarten ist 60 cm tief, 5,25 m lang und 4,55 m breit. Wie viel Sand muss bestellt werden? Rund auf halbe m³.

- ❑ a) 14,5 m³
- ❑ b) 17,5 m³
- ❑ c) 18,5 m³
- ❑ d) 17,0 m³
- ❑ e) 183 m³

ÜBUNG 5

PUNKTE 5

Ein Quader (20 cm lang, 60 cm hoch und 30 cm breit) steht in einer vollen Wasserwanne (Höhe: 40 cm, Länge: 100 cm, Breite: 50 cm). Wie weit sinkt der Wasserspiegel, wenn der Quader aus der Wanne genommen wird?

....

....

....

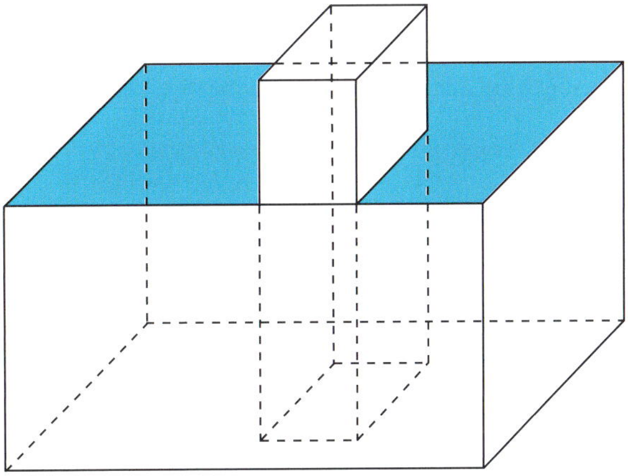

Winkel an Kreuzungen

Winkel an einer Geradenkreuzung

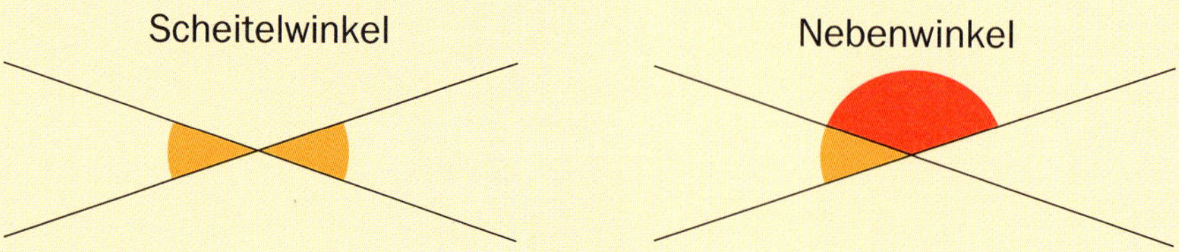

Satz: Scheitelwinkel sind gleich groß.
Satz: Die Summe zweier **Nebenwinkel** ergibt stets 180°.

Winkel an Doppelkreuzungen

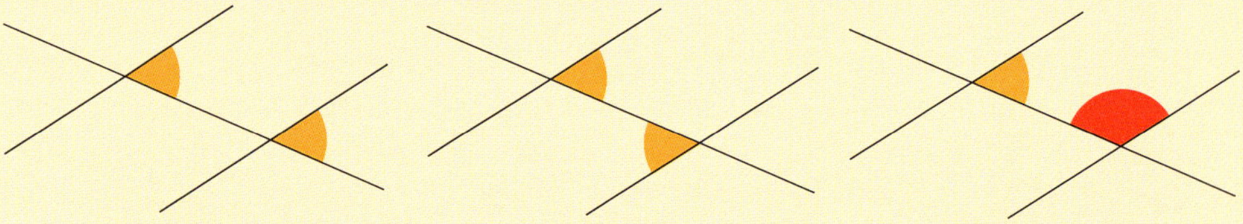

Satz: Sind zwei Geraden an einer Doppelkreuzung parallel, so sind Stufen- und Wechselwinkel gleich groß, die Summe zweier Nachbarwinkel ergibt 180°.

ÜBUNG 1

PUNKTE 5

An der nebenstehenden Doppelkreuzung gilt: g1 || g2, γ_1 = 116°. Nenne und berechne die Scheitelwinkel zu γ_1 und γ_2.

....

....

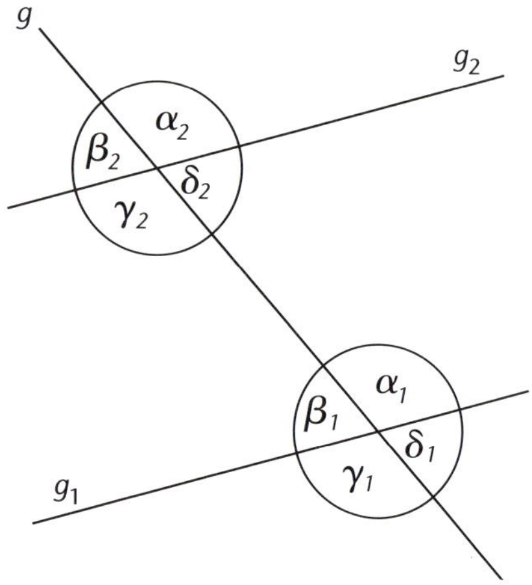

ÜBUNG 2 PUNKTE 5

An der bei Übung 1 abgebildeten Doppelkreuzung gilt:
g1 || g2, γ_1 = 116°. Nenne und berechne die Nebenwinkel zu α_1 und δ_1.

....

....

ÜBUNG 3 PUNKTE 5

An der bei Übung 1 abgebildeten Doppelkreuzung gilt:
g1 || g2, γ_1 = 116°. Nenne und berechne den Wechselwinkel zu α_1.

....

....

ÜBUNG 4 PUNKTE 5

An der bei Übung 1 abgebildeten Doppelkreuzung gilt:
g1 || g2, γ_1 = 116°. Nenne und berechne den Nachbarwinkel zu α_1.

....

....

ÜBUNG 5 PUNKTE 5

An der bei Übung 1 abgebildeten Doppelkreuzung gilt:
g1 || g2, γ_1 = 116°. Nenne und berechne den Stufenwinkel zu δ_2.

....

....

Gesamtpunktzahl: PUNKTE 25 Erreichte Punktzahl:

Winkelsumme im Dreieck

α, β und γ sind Innenwinkel,
α^*, β^* und γ^* sind Außenwinkel.

Satz:
Im Dreieck gilt: $\alpha + \beta + \gamma = 180°$

Jeder Außenwinkel ist so groß wie die Summe der nicht anliegenden Innenwinkel.
Beispiel:
$\beta^* = \alpha + \gamma$

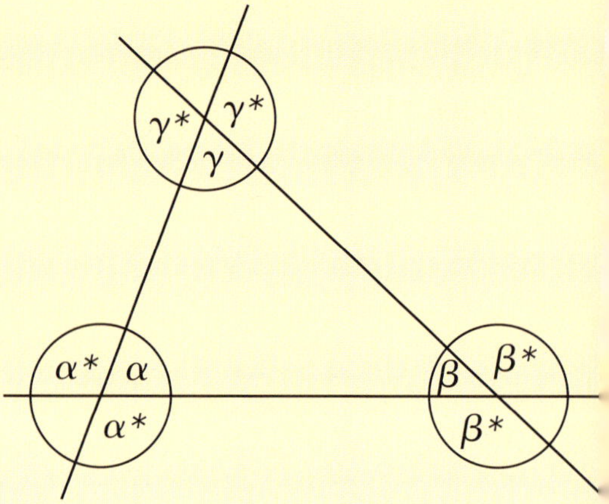

ÜBUNG 1

PUNKTE 5

In der nebenstehenden Skizze sei AB || CD sowie α = 34°. Berechne β.

....

....

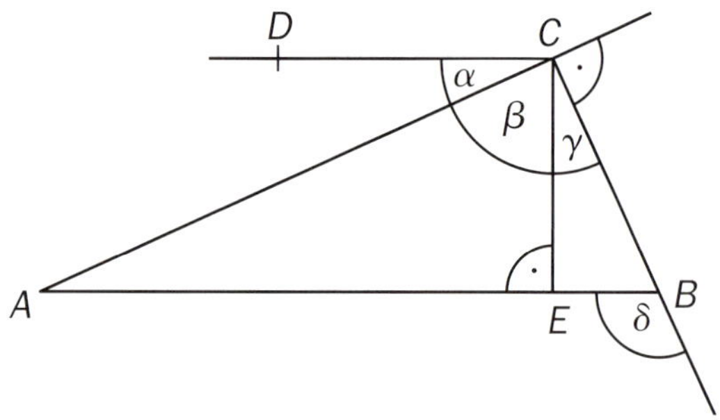

ÜBUNG 2

PUNKTE 5

In der Skizze oben sei AB || CD sowie α = 34°. Berechne γ.

....

....

ÜBUNG 3

PUNKTE 5

In der Skizze oben sei AB || CD sowie α = 34°. Berechne δ.

....

....

ÜBUNG 4

PUNKTE 5

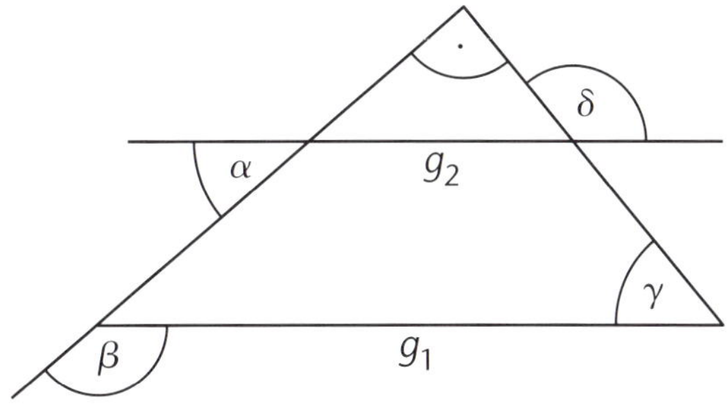

In der nebenstehenden Figur sind $g_1 \parallel g_2$ und $\alpha = 57°$. Berechne β.

....

....

ÜBUNG 5

PUNKTE 5

In der Figur oben sind $g_1 \parallel g_2$ und $\alpha = 57°$. Berechne γ.

....

....

ÜBUNG 6

PUNKTE 5

In der Figur oben sind $g_1 \parallel g_2$ und $\alpha = 57°$. Berechne δ.

....

....

Winkelsumme in Vielecken

Die Summe der Innenwinkel im n-Eck beträgt:

$(n - 2) \cdot 180$

Beispiele:
Dreieck: 180°
Viereck: 360°
Achteck: 1080°

ÜBUNG 1 PUNKTE 5

Wie groß ist die Winkelsumme im Fünfeck?

❑ a) 340°
❑ b) 360°
❑ c) 540°
❑ d) 720°
❑ e) 630°

ÜBUNG 2 PUNKTE 5

Wie groß ist die Winkelsumme im Sechseck?

....

ÜBUNG 3 PUNKTE 5

Welches Vieleck hat eine Winkelsumme von 1260°?

❑ a) das Sechseck
❑ b) das Siebeneck
❑ c) das Achteck
❑ d) das Neuneck
❑ e) das Zehneck

ÜBUNG 4

PUNKTE 5

Welches Vieleck hat eine Winkelsumme von 900°?

....

ÜBUNG 5

PUNKTE 2

Bestimme die fehlenden Winkel dieses Drachenvierecks.

γ = ...

δ = ...

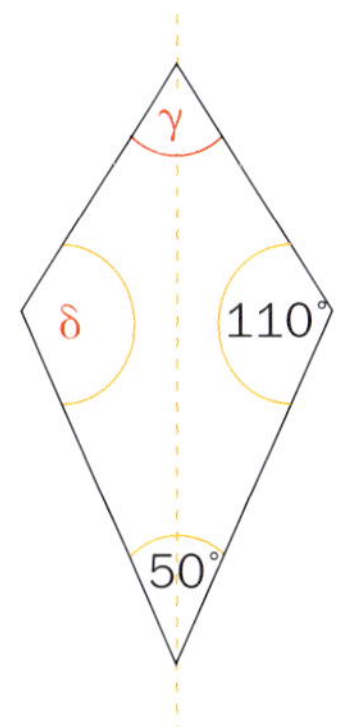

ÜBUNG 6

PUNKTE 5

Bestimme die fehlenden Winkel dieses gleichschenkligen Dreiecks mit:
$\overline{AC} = \overline{BC}$, $\alpha_1 = \alpha_2$.

α_1 = ...

α_2 = ...

β = ...

δ_1 = ...

δ_2 = ...

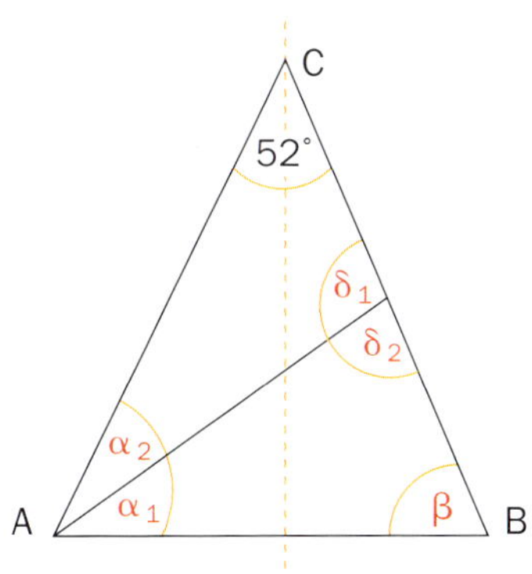

Achsensymmetrie

Zwei Punkte P und P' heißen **symmetrisch bezüglich einer Achse a**, wenn die Verbindungsstrecke [PP'] senkrecht auf der Achse a steht und von dieser halbiert wird. Liegt ein Punkt auf der Achse, so stimmt er mit seinem Spiegelpunkt überein. (Q = Q')

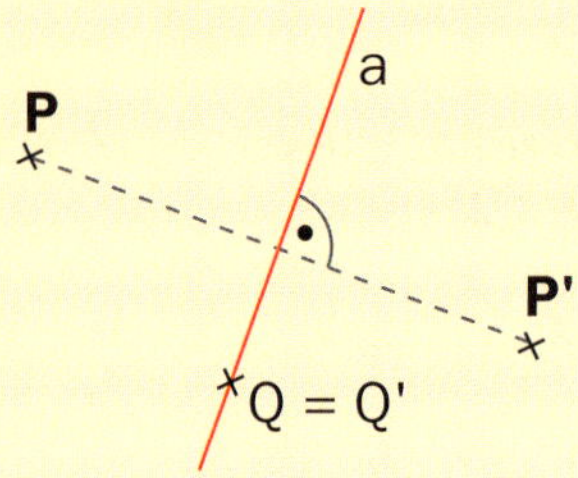

Spiegelpunkte kann man mit dem Geodreieck zeichnen, indem man den Abstand eines Punktes von der Achse auf die andere Seite überträgt.

Eine Figur, die bei einer Achsenspiegelung auf sich selbst abgebildet wird, heißt achsensymmetrisch.

ÜBUNG 1 PUNKTE 5

Welcher Punkt liegt symmetrisch zum Punkt A(–3|2) bezüglich der y-Achse?

❑ a) A'(3|–2)
❑ b) A'(3|2)
❑ c) A'(–3|–2)
❑ d) A'(0|2)
❑ e) A'(3|0)

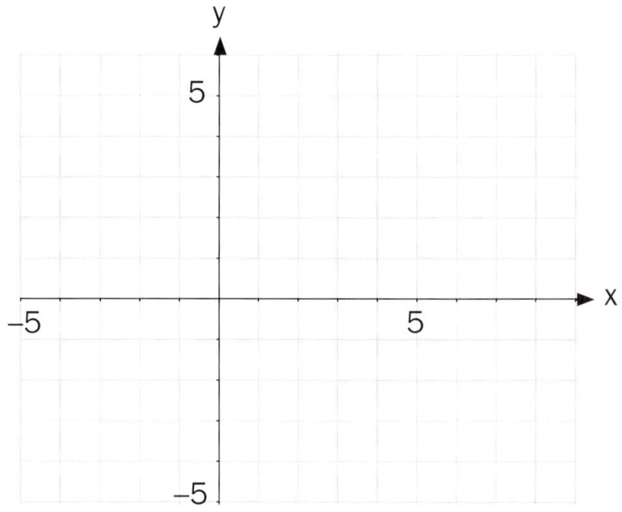

ÜBUNG 2 PUNKTE 5

Welcher Punkt liegt symmetrisch zum Punkt A(–2|2) bezüglich der x-Achse?

....

ÜBUNG 3

PUNKTE 5

Welcher Punkt liegt symmetrisch zum Punkt A(0|2) bezüglich der Geraden durch O(0|0) und P(3|3)?

❑ a) A'(2|0)
❑ b) A'(2|2)
❑ c) A'(–2|0)
❑ d) A'(0|2)
❑ e) A'(3|0)

ÜBUNG 4

PUNKTE 5

Welcher Punkt liegt symmetrisch zum Punkt A(0|2) bezüglich der Geraden durch P(1|0) und Q(1|3)?

....

ÜBUNG 5

PUNKTE 5

Welches ist die Symmetrieachse der Punkte A(3|1) und A'(3|–1)?

❑ a) Die Gerade durch O(0|0) und P(3|3)
❑ b) Die Gerade durch Q(3|0) und P(3|3)
❑ c) Die Gerade durch R(0|1) und S(3|–1)
❑ d) Die x-Achse
❑ e) Die y-Achse

ÜBUNG 6

PUNKTE 5

Welcher der Buchstaben A L P S Z ist achsensymmetrisch?

Der Buchstabe __ ist achsensymmetrisch.

Punktsymmetrie

Zwei Punkte P und P' heißen **punktsymmetrisch** bezüglich eines Symmetriezentrums Z, wenn die Verbindungsstrecke [PP'] von Z halbiert wird.
Nur der Punkt Z stimmt mit seinem Spiegelpunkt überein (Z = Z').

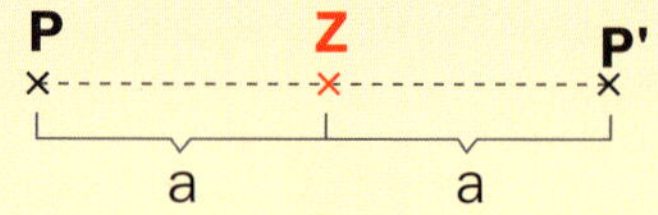

Spiegelpunkte kann man mit dem Geodreieck zeichnen, indem man den Abstand eines Punktes von Z auf die andere Seite überträgt.

Eine Figur, die bei einer Punktspiegelung auf sich selbst abgebildet wird, heißt punktsymmetrisch.

ÜBUNG 1 PUNKTE 5

Spiegle den Punkt A(–2|–2) am Punkt O (0|0). Wie heißt der Spiegelpunkt?

- ❑ a) A'(2|0)
- ❑ b) A'(2|2)
- ❑ c) A'(2|–2)
- ❑ d) A'(–2|2)
- ❑ e) A'(0|–2)

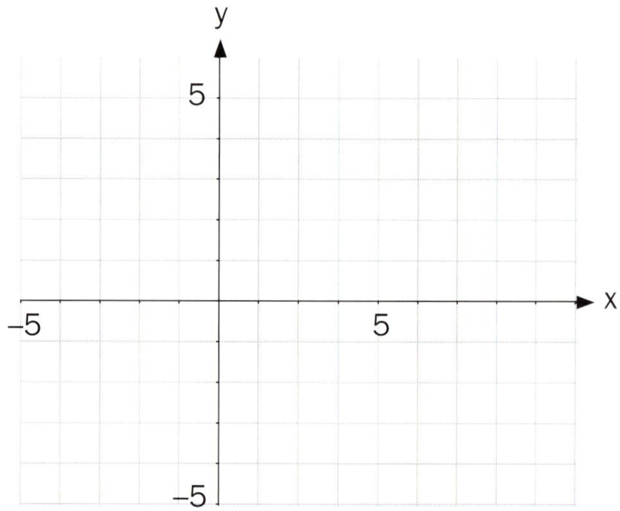

ÜBUNG 2 PUNKTE 5

Spiegle den Punkt A(–2|–2) am Punkt Z(0|–1). Wie heißt der Spiegelpunkt?

....

ÜBUNG 3 (5 Punkte)

Spiegle den Punkt B(2|–2) am Punkt S(0|1). Wie heißt der Spiegelpunkt?

❑ a) B'(2|–2) ❑ b) B'(2|2) ❑ c) B'(–2|3) ❑ d) B'(0|1) ❑ e) B'(–2|4)

ÜBUNG 4 (5 Punkte)

Spiegle den Punkt B(2|–2) am Punkt Q(2|0). Wie heißt der Spiegelpunkt?

....

ÜBUNG 5 (5 Punkte)

C(0|1) wird durch eine Punktspiegelung auf den Punkt C'(2|–1) abgebildet. Welcher Punkt ist das Symmetriezentrum Z?

❑ a) Z'(2|–2)
❑ b) Z'(1|0)
❑ c) Z'(0|–1)
❑ d) Z'(1|1)
❑ e) Z'(2|0)

ÜBUNG 6 (5 Punkte)

Welcher der Buchstaben A L P N Y ist punktsymmetrisch?

Der Buchstabe __ ist punktsymmetrisch.

Vermischte Aufgaben

Auch bei den vermischten Geometrie-Aufgaben musst du überlegen, welches der gelernten Rezepte du anwendest.

ÜBUNG 1

PUNKTE 5

Berechne die gelb markierte Fläche.

....

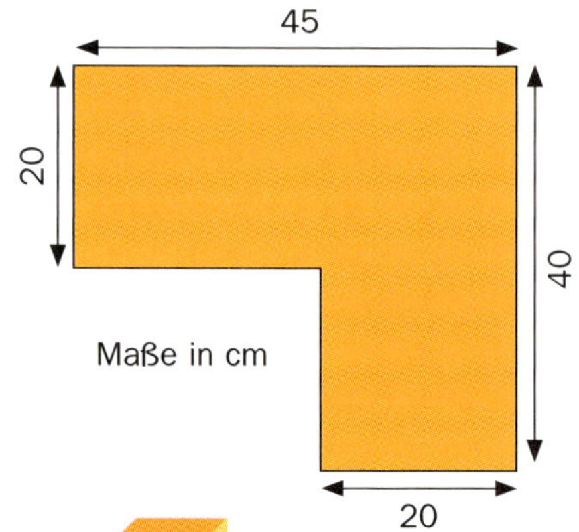

ÜBUNG 2

PUNKTE 5

Berechne das Volumen des hier abgebildeten Körpers.

- ❑ a) $84\,600\,cm^3$
- ❑ b) $68\,400\,cm^3$
- ❑ c) $86\,400\,cm^3$
- ❑ d) $86\,040\,cm^3$
- ❑ e) $80\,460\,cm^3$

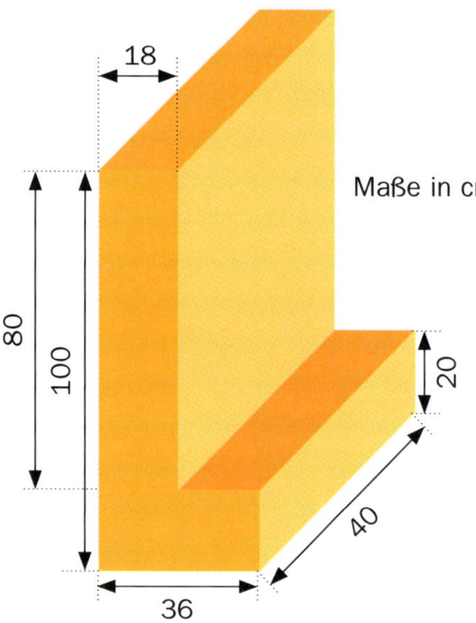

ÜBUNG 3

PUNKTE 5

Zeichne ein achsensymmetrisches Dreieck mit zwei 5 cm langen Seiten und einem Winkel von 110°. Wie lang ist die dritte Seite?

- ❑ a) 8,2 cm
- ❑ b) 7,5 cm
- ❑ c) 8,7 cm
- ❑ d) 9,5 cm
- ❑ e) 10,0 cm

ÜBUNG 4

PUNKTE 5

Welche der Figuren ist nicht punktsymmetrisch?

- ❑ a) Gleichseitiges Dreieck
- ❑ b) Parallelogramm
- ❑ c) Rechteck
- ❑ d) Quadrat
- ❑ e) Raute

ÜBUNG 5

PUNKTE 5

In einem Dreieck ist α fünfmal so groß wie β; γ beträgt 100° 48'. Berechne α.

α = ...

ÜBUNG 6

PUNKTE 4

In einem Viereck ist β dreimal so groß wie γ, δ doppelt so groß wie β und α ist um γ kleiner als δ. Berechne sämtliche Innenwinkel.

α = ... β = ... γ = ... δ = ...

ÜBUNG 7

PUNKTE 8

In der nebenstehenden Zeichnung gilt: p1 || p2. Bestimme alle fehlenden Winkel.

α_1 = ...

β_1 = ...

γ_1 = ...

δ_1 = ...

α_2 = ...

β_2 = ...

α_3 = ...

β_3 = ...

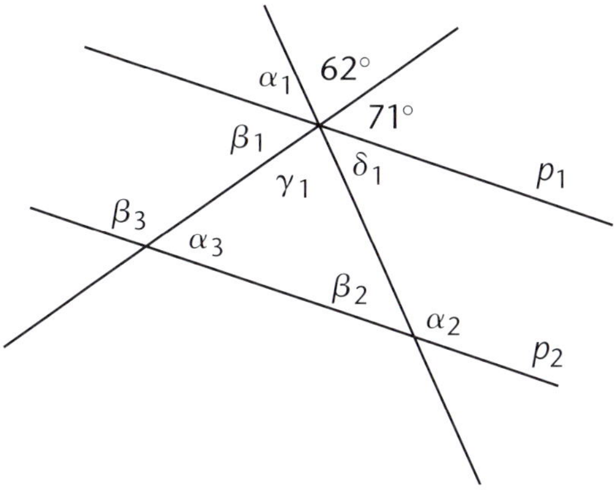

Mittelwert

Den (arithmetischen) **Mittelwert** einer Anzahl von Zahlen oder Größen erhält man, indem man die Summe der Zahlen oder Größen durch ihre Anzahl dividiert.

$$\overline{x} = \frac{x_1 + x_2 + x_3 + \dots x_n}{n}$$

Den Mittelpunkt M einer Strecke [AB] erhält man so:
x_M ist der Mittelwert von x_A und x_B.
y_M ist der Mittelwert von y_A und y_B.

ÜBUNG 1 — PUNKTE 5

Bestimme den Mittelwert von –2, 0, 3 und 5.

❑ a) 1
❑ b) 1,5
❑ c) 2
❑ d) 2,5
❑ e) 3

ÜBUNG 2 — PUNKTE 5

Berechne den Mittelpunkt M der Strecke [AB] mit A (–2,5|3,5) und B (7,5|–4,5).

❑ a) M (2|2)
❑ b) M (2,5|–0,5)
❑ c) M (0,5|–0,5)
❑ d) M (2|2)
❑ e) M (2|–0,5)

ÜBUNG 3

PUNKTE 5

Bei einer Klassenarbeit hat der Lehrer den 20 Schülern folgende Noten gegeben:

Note 1	Note 2	Note 3	Note 4	Note 5	Note 6
II	IIII (5)	IIII (5)	IIII	III	I

Berechne den Notendurchschnitt, d. h. den Mittelwert der Noten.

Der Notendurchschnitt beträgt: ....

ÜBUNG 4

PUNKTE 5

Katja ist 1,55 m groß, Cindy ist 1,60 m groß und Laila sagt: Wenn ich 5 cm größer wäre, dann wären wir im Durchschnitt genau 1,60 m groß. Wie groß ist Laila?

❑ a) 1,55 m ❑ b) 1,60 m ❑ c) 1,62 m ❑ d) 1,65 m ❑ e) 1,70 m

Relative Häufigkeit

Die **relative Häufigkeit h** gibt den Anteil an der Gesamtheit an.

$h = \frac{H}{\text{Gesamtzahl}}$ (H = absolute Häufigkeit)

Beispiel: Bei 10 Versuchen erzielt man 6 Treffer.
Die absolute Häufigkeit der Treffer ist 6, die relative Häufigkeit der Treffer ist $\frac{6}{10} = 60\,\%$.

ÜBUNG 1 PUNKTE 5

Bei einer Geschwindigkeitskontrolle von 150 PKWs waren 18 zu schnell. Wie viel Prozent sind das?

- ❑ a) 10 %
- ❑ b) 8 %
- ❑ c) 14 %
- ❑ d) 16 %
- ❑ e) 12 %

ÜBUNG 2 PUNKTE 5

Drei Fußballer vergleichen ihre Ergebnisse beim Elfmeterschießen. Wer ist der beste Elferschütze?

	Lukas	Tobias	Dragomir
Schüsse	20	15	10
Tore	15	12	7

.... ist der Beste.

ÜBUNG 3 PUNKTE 5

Die Zahl 11 ist bei 1000 Lottoziehungen 120-mal gezogen worden. Wie groß ist die relative Häufigkeit der 11?

❑ a) 11% ❑ b) 12% ❑ c) 15% ❑ d) 17% ❑ e) 19%

ÜBUNG 4 PUNKTE 5

Paula schießt 10-mal an der Schießbude und trifft 6-mal. Wie groß ist ihre Trefferquote?

❑ a) 6% ❑ b) $\frac{1}{6}$ ❑ c) $\frac{2}{3}$ ❑ d) 11% ❑ e) 60%

ÜBUNG 5 PUNKTE 5

4 von 10 Schülern tragen eine Brille. Wie groß ist die relative Häufigkeit der Brillenträger?

....

ÜBUNG 6 PUNKTE 5

An 3 von 10 Tagen regnet es im November. Wie groß ist die relative Häufigkeit der Regentage?

❑ a) 3%
❑ b) 10%
❑ c) $\frac{1}{3}$
❑ d) 30%
❑ e) $\frac{1}{7}$

Gerade bei Knobelaufgaben gilt: Erst denken, dann rechnen! Wenn du die Lösung gefunden hast, überlege noch mal: Kann das wirklich sein?

ÜBUNG 1 PUNKTE 5

Wenn ein Gummiball zu Boden fällt, springt er jeweils die Hälfte der Strecke wieder nach oben. Der Ball wird von einem 18 m hohen Dach fallen gelassen. Welche Strecke hat der Ball insgesamt zurückgelegt, wenn er das dritte Mal den Boden berührt?

❑ a) 108 m
❑ b) 27 m
❑ c) 81 m
❑ d) 45 m
❑ e) 135 m

ÜBUNG 2 PUNKTE 5

Wie viele Hühner und wie viele Kühe haben zusammen 171 Köpfe und 498 Beine?

❑ a) 76 Kühe und 95 Hühner
❑ b) 82 Kühe und 89 Hühner
❑ c) 70 Kühe und 93 Hühner
❑ d) 80 Kühe und 91 Hühner
❑ e) 78 Kühe und 93 Hühner

ÜBUNG 3 PUNKTE 5

Tim hat 2 Sanduhren. Die eine läuft 7 Minuten, die andere 11 Minuten. Er soll 15 Minuten stoppen. Wie oft muss er die beiden Sanduhren umdrehen (einschließlich des Starts), damit das funktioniert?

❑ a) Das geht überhaupt nicht.
❑ b) Die 7-Minuten-Uhr dreimal, die 11-Minuten-Uhr zweimal
❑ c) Die 7-Minuten-Uhr zweimal, die 11-Minuten-Uhr einmal
❑ d) Die 7-Minuten-Uhr zweimal und die 11-Minuten-Uhr auch zweimal
❑ e) Die 7-Minuten-Uhr einmal, die 11-Minuten-Uhr zweimal

ÜBUNG 4 PUNKTE 5

Ein Schulchor mit 20 Sängern singt ein Frühlingslied in 8 Minuten. Wie lange braucht der Schulchor für das Lied, wenn 10 % der Sänger wegen Krankheit fehlen?

....

ÜBUNG 5 PUNKTE 5

Welchen spitzen Winkel bilden der Minuten- und der Stundenzeiger einer Uhr um 15.30 Uhr?

- ❑ a) 65°
- ❑ b) 70°
- ❑ c) 75°
- ❑ d) 80°
- ❑ e) 85°

ÜBUNG 6 PUNKTE 2

Anna sagt: „Eine Figur kann nicht zugleich punktsymmetrisch und achsensymmetrisch sein." Hat sie Recht?

- ❑ a) ja
- ❑ b) nein

ÜBUNG 7 PUNKTE 5

Im Winter kommen 20 % der Schüler mit dem Fahrrad zur Schule. Im Sommer sind es 60 %. Um wie viel Prozent sind es im Sommer mehr Radfahrer als im Winter?

- ❑ a) um 40 %
- ❑ b) um 80 %
- ❑ c) um 100 %
- ❑ d) um 200 %
- ❑ e) um 300 %

Überprüfe, was du gelernt hast

In diesem Abschlusstest kannst du die wichtigsten Themen aus dem Buch noch mal üben. Dein Ergebnis zeigt dir, wie gut du inzwischen schon geworden bist und bei welchen Themen es eventuell noch hapert.

ÜBUNG 1 PUNKTE 5

An einer Tanksäule läuft Benzin gleichmäßig aus dem Schlauch. In 6 Sekunden fließen 4 l. Wie lange dauert es, bis 32 l getankt sind?

....

ÜBUNG 2 PUNKTE 5

Für eine neue Stromleitung muss ein 30 m langer Graben mit einer Tiefe von 80 cm ausgehoben werden. Wegen des komplizierten Geländes muss das per Hand gemacht werden. Kalkuliert werden bei 5 Arbeitern 7 Arbeitstage mit jeweils 8 Stunden. Bereits nach einem Tag wird ein Arbeiter krank. Um wie viel verlängert sich die eingeplante Zeit?

❑ a) um eineinhalb Tage
❑ b) um zwei Arbeitstage
❑ c) um einen Arbeitstag
❑ d) um zweieinhalb Tage
❑ e) um einen halben Tag

ÜBUNG 3 PUNKTE 5

Nach einer 3%igen Preiserhöhung kosten 10 Liter Benzin nun 14,90 €. Wie viel kostete diese Menge vorher?

❑ a) 14,46 € ❑ b) 14,59 € ❑ c) 14,50 € ❑ d) 14,45 € ❑ e) 14,47 €

ÜBUNG 4 PUNKTE 5

Man teilt durch einen Bruch, indem man mit dem Kehrbruch ....
Berechne folgende Aufgabe:

$1\frac{1}{2} : \left(-\frac{1}{3}\right) =$ ....

ÜBUNG 5 PUNKTE 5

Vereinfache folgenden Term.

$3x^2 + 4x - 7 - x + 11x^2 - 5x^2 + 9 + x =$ ....

TIPP: Es erleichtert die Übersicht, wenn du bereits verwertete Glieder mit Bleistift unterstreichst oder abhakst.

ÜBUNG 6 PUNKTE 5

Löse die Gleichung und mache die Probe.

$3x + 7 = 10x - 2$ $\mathbb{L} =$ ....

Probe: l. S.: .... r. S.: ....

ÜBUNG 7 PUNKTE 5

Das Spielfeld eines Tennisplatzes erhält einen rötlichen Belag, der Rest einen grünen. Wie viel grüner Belag muss gekauft werden? (Alle Angaben in Metern.)

- ❑ a) 460,76 m²
- ❑ b) 407,38 m²
- ❑ c) 450,76 m²
- ❑ d) 461,76 m²
- ❑ e) 460,75 m²

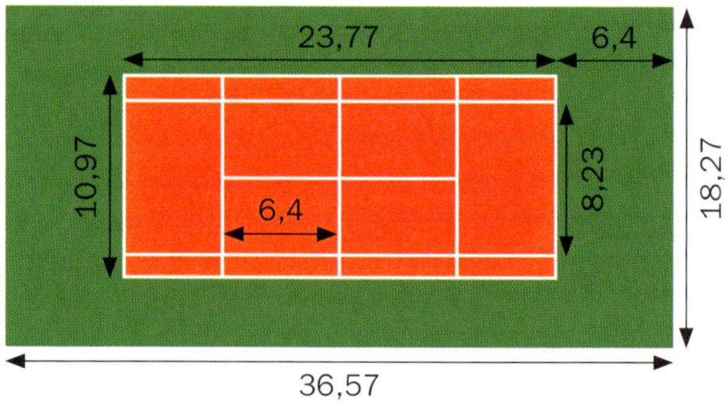

ÜBUNG 8 PUNKTE 5

In einem Dreieck ABC gilt: $\beta + \gamma = 108{,}77°$, $\alpha + \beta = 117°\ 43'\ 12''$. Fertige eine Skizze an und berechne sämtliche Innen- und Außenwinkel.

ÜBUNG 9 PUNKTE 5

Welcher der Buchstaben I J K L M ist punktsymmetrisch?

Der Buchstabe __ ist punktsymmetrisch.

ÜBUNG 10 PUNKTE 5

Bei einer Radtour legen die Teilnehmer am ersten Tag 40 km, am zweiten Tag 60 km, am dritten Tag 50 km und am vierten Tag 80 km zurück. Wie lang ist eine durchschnittliche Tagesetappe?

- ❑ a) 53,5 km
- ❑ b) 55 km
- ❑ c) 57,5 km
- ❑ d) 60,5 km
- ❑ e) 62 km

Auswertung Abschlusstest

Gesamtpunktzahl: PUNKTE 50 Erreichte Punktzahl: ◯ Lösungsheft S. 36 / 37

0–19 Punkte: Hoppla! Da hast du wohl einen schlechten Tag erwischt oder du hast wirklich noch große Lücken. Ein Tipp: Bitte deine Eltern, dass sie dich bei www.mathepirat.de anmelden. Da kannst du gleich weiter üben und Punkte und Urkunden sammeln!

20–39 Punkte: Hmm – nicht schlecht, aber das kannst du bestimmt noch besser! Wenn dich deine Eltern bei www.mathepirat.de anmelden, kannst du ganz genau die Themen üben, in denen du noch nicht so gut bist. Und Punkte und Urkunden gibt es auch!

40–50 Punkte: Tolle Leistung! Du beherrschst den Mathestoff der 7. Klasse schon sehr gut. Bleib weiterhin am Ball! Und wenn du dich mit den Mathe-Champions in ganz Deutschland vergleichen willst, kannst du bei www.mathepirat.de viele Punkte sammeln.

Register

Bildnachweis

Fotolia.com: S. 7 © Daniel Ernst; S. 5 © Franz Metelec; S. 6 © 47media; S. 8 © Patricia Hofmeester; S. 9 © DOC RABE Media; S. 11 © Helix2012; S. 15 © Kokhanchikov; S. 16 © Christian Schwier; S. 19 © vimarovi; S. 21 © Martina Berg; S. 23 © DURIS Guillaume; S. 25 © Jens Ottoson; S. 26 © Tomas Skopal; S. 29 © Michael Rieth; S. 33 © Jasmin Merdan; S. 34 © mirpic; S. 45 © helix; S. 49 © Andrey Kiselev; S. 51 © Image Source IS2; S. 53 © william richardson; S. 55 © Tommy Windecker; S. 60 © kim; S. 65 © JustYo; S. 69 © Darrin Henry; S. 70 © photo 5000; S. 71 © Yuri Arcurs; S. 73 © markus_marb; S. 77 oben © KD-Photo; S. 77 unten © sashpictures